夏燕靖 著

云裳华服
衣生活

Gorgeous Gowns, Elegant Suits and
the Chinese Way of Life

人文艺术
通识丛书

General
Studies in
Humanities
and Arts

北京大学出版社
PEKING UNIVERSITY PRESS

图书在版编目（CIP）数据

云裳华服衣生活 / 夏燕靖著 . -- 北京：北京大学出版社，2024.10.
-- （人文艺术通识丛书）. --ISBN 978-7-301-35605-0

Ⅰ. TS941.742.2

中国国家版本馆CIP数据核字第2024MW6105号

书　　　　名	云裳华服衣生活	
	YUNSHANG HUAFU YI SHENGHUO	
著作责任者	夏燕靖　著	
责 任 编 辑	赵　阳	
标 准 书 号	ISBN 978-7-301-35605-0	
出 版 发 行	北京大学出版社	
地　　　　址	北京市海淀区成府路205号　100871	
网　　　　址	http://www.pup.cn	新浪微博：@北京大学出版社
电 子 邮 箱	编辑部 wsz@pup.cn	总编室 zpup@pup.cn
电　　　　话	邮购部 010-62752015	发行部 010-62750672
	编辑部 010-62707742	
印 　刷　 者	北京九天鸿程印刷有限责任公司	
经 　销　 者	新华书店	
	720毫米×1020毫米　16开本　10.75印张　200千字	
	2024年10月第1版　2024年10月第1次印刷	
定　　　　价	98.00元	

目　录

丛书序　　/ 1

前言　　/ 3

第一章　　**远古衣饰**　/ 7

第二章　　**商代服饰**　/ 11

第三章　　**章服仪礼**　/ 16

第四章　　**曲裾深衣**　/ 26

第五章　　**衣饰"领袖"**　/ 33

第六章　　**古代眉妆**　/ 40

第七章　　**亵衣心衣**　/ 49

第八章　　**熏衣之香**　/ 55

第九章　　**袭裙摇曳**　/ 63

第十章　　**诗韵华服**　/ 71

第十一章　　**大袖霞帔**　/ 77

第十二章　　**文士衣冠**　/ 83

第十三章 衣着褙子 / 91

第十四章 宋服衣料 / 99

第十五章 漠北冠服 / 109

第十六章 金锦元服 / 118

第十七章 衣冠禽兽 / 127

第十八章 满汉衣饰 / 135

第十九章 清人穿戴 / 143

第二十章 改良旗袍 / 151

第二十一章 中山国服 / 159

后记 / 165

丛书序

通识教育（Liberal Study 或 General Education）最初是针对大学教育中知识过于专门化的境况而设立的一种全科性的知识传授体系。它涉及范围广泛，涵盖了人文科学、社会科学和自然科学等领域。通识教育常常通过学校课程来实现，因此，通识课程也就成为这一教育体系中的重中之重。通识课程的内容极为丰富，包括了文学、历史、哲学、艺术、宗教、经济、法律、政治、社会、科学等方方面面，像牛津大学为通识教育编撰、出版的通识读本就有六百多种，其中不仅有一般性的知识读本，如《大众经济学》《时间的历史》《畅销书》等，也包括大量的人物传记，如《卡夫卡》《康德》《达尔文》等。许多欧美大学也把通识课程列为必修科目，哈佛大学为其所设定的核心课程就涉及外国文化、历史、文学、艺术、道德修养与社会分析等六个领域，而且要求学生在这些课程中所修的学分达到毕业要求的四分之一。

如上所述，创立通识教育的最初目的就是为了避免知识过于专门化，因为各种知识间的相互割裂，很容易造成知识的单向度发展，进而也使人变得缺乏变通与融合的能力；单一的线性知识积累容易使人变得狭隘和固执，而没有相互比较，便很难生发出一种创新的能力和反思的精神。事实上，一个没有变通与融合能力的人，一个狭隘、固执而不够开放、不会创新与反思的人，是很难融入社会、与时俱进的。而通识教育的出发点正是要培养人的社会责任感和人生价值观，是一种不直接以职业规划为目的的全领域教育。它的终极目标就是要培养出一种具有创新能力、反思精神、完备知识、健全人格以及职业之本的完整的人。他能够随着社会的变化而自我改造，随着社会的发展而自我完善。当然，要真正实现这个目标，单靠大学的通识教育乃至大学的整个教育是很难做到的，应该说，家庭教育和社会教育也是不可或缺的重要因素，但通识教育终归把这个问题清晰明确地提了出来并提供了一些有效的路径和方法。爱因斯坦曾经说过，所谓教育就是把在学校所学全部忘光之后剩下的那些东西。这位科学巨人的话语似乎有点绝对，但仔细分析却也不无道理。知识会被遗忘，技能也会生疏，专业可转行，唯独人的道德感和责任感不会随着时间的流逝而被轻易地丢弃，或许这就是教育的真正意义所在。

其实对"通识"的认知我国古人早已有之，明末科学家徐光启就提出过"欲求超胜，必先会通"的主张。在我国近现代的大学教育实践中，蔡元培先生在北京大学所倡导的"兼容并蓄"的治学理念从某种意义上来说也是对通识教育的一种诉求。而现在的北京大学在通识教育方面更是全国高校的领头羊，它所开设的通识课程和出版的通识教材不仅涉及面广、水平高，而且也符合中国的国情，能满足中国学生的知识需求，已经成为这个领域高质量的标杆。南京艺术学院作为一个百年艺术院校，一直秉承蔡元培先生为学校题写的"闳约深美"的学训理念，以"不息的变动"的办学精神努力推动教学事业的高质量发展，在学科建设、人才培养以及艺术创作等方面均取得了令人瞩目的成绩。进入新时代，学校更是把"立德树人"作为根本任务，努力培养德、智、体、美、劳全面发展的社会主义建设者和接班人。通识教育无疑也是实现这一目标的重要路径和坚实平台，故学校以优势的艺术学科为依托、以深厚的学术积淀为基础、以优秀的专业老师为骨干，组织策划了一套视野开阔、内容丰富、观点新颖、叙述生动的人文艺术类通识教材。真切地希望能通过讲述人文艺术的故事，来丰富我们的知识，培养我们的品德，美化我们的人生。

是为序。

刘伟冬（南京艺术学院院长）
2020 年 9 月

前　言

　　服章之美，国色古韵，芳华气度，在华夏五千年的历史画卷中，服饰可谓是浓墨重彩的一笔。《周易》有曰："黄帝、尧、舜垂衣裳而天下治。"[1]华夏乃衣冠上国、礼仪之邦，秦汉以降，"衣冠"即为华夏之服。谓之"华"，便是礼仪之大；谓之"夏"，便有"华夏"衣冠古国之称。华夏之服自然是中华文化宝库中的一颗璀璨明珠。直到如今，华夏之服依然承载着当代调性与东方底蕴的审美融合，并有着三十多项中国非物质文化遗产及受保护的中国工艺美术名录。

　　显然，我们需要探寻这颗明珠的历史渊源，古代典籍里、历代留存的文物中，还有藏家的衣饰宝物等，可以说都有许多许多的传奇故事。如同中华文化的悠久脉络一样，服饰艺术也像其他远古事物那样，其创始要归功于三皇五帝。诸如，《吕氏春秋》《世本》中提到，皇帝、胡曹或伯余创制了衣裳，稍晚的《淮南子》的叙述更为具体："伯余之初作衣也，緂麻索缕，手经指挂，其成犹网罗。后世为之机杼胜复以便其用，而民得以掩形御寒。"[2]若依出土实物或故宫博物院里的藏品来做进一步考察，我国服饰出现的源头可以上溯到旧石器时代晚期，这表明服饰历史已绵延数万年之久。足见，中华民

---

[1]　冯国超译注：《周易》，北京：华夏出版社 2017 年版，第 390 页。
[2]　孟庆祥等译注：《淮南子译注》(下)，哈尔滨：黑龙江人民出版社 2002 年版，第 655 页。

族的服饰艺术源源而来，积厚流光。

进入"铸鼎象物"的夏商周时代，服装的形制与制度开始建立。先是受《周礼》《仪礼》和《礼记》这"三礼"制礼安天下的影响，符合社会等级规范的服饰制度的雏形得以建构。如《尚书·益稷》所载"十二章服"成为历代帝王的服饰制度，而上衣下裳的区分更奠定了古代服饰的基本形制。诸子百家围绕"礼"的争鸣，给春秋战国时期的服饰风尚带来深远的影响，涌现了冕服、弁服、元端、袍服、深衣、裘衣和命妇服等多种服饰形式，以及各种首服、首饰、领袖和配饰的装扮，形成了上古时代服饰最基本的形制规则。其后，出现"非其人不得服其服"[1]（《后汉书·舆服志》），"贵贱有级，服位有等。……是以天下见其服而知贵贱"[2]（贾谊《新书·服疑》）等一套冠服制度，服饰更成为全社会伦理规范的象征。秦汉两代是服饰由旧习转向新制的滥觞期，袍服穿着形态与种类产生了许多新的变化。其中，男女的曲裾深衣是一种独特的创造。之后，随着经济的发展和各民族之间交流的日益活跃，人们对衣着的审美要求越来越高，服饰装扮水平也相应提高。尤其是在意识形态领域里，楚汉的浪漫风采带给人们一种想象丰富、情感热烈的时代特色，表现出恢宏而又古拙的艺术风格。此外，秦汉服装还通过"丝绸之路"走向西域，使悠久的华夏服饰得以在丝路沿线各地广泛传播。

虽说魏晋南北朝时期整个社会的政治、经济、文化都处于激烈动荡之中，但各民族四处迁徙，又增加了民族间的相互交融，整个社会呈现出民族大融合的趋势。在此背景下，南北各民族间的服饰融通，丰富并发展了汉民族的服饰文化，也为隋唐服饰的繁荣奠定了基础。隋唐五代形成南北统一的广阔疆域，也是继秦汉之后，以汉族为中心的新的民族共同体形成的时期。南北两地服装彼此仿效，业已合璧，促使服饰兼容并蓄，广采博收，大放异

---

[1]　(南朝宋) 范晔撰，罗文军编：《后汉书》，西安：太白文艺出版社 2006 年版，第 812 页。
[2]　徐莹注说：《新书》，郑州：河南大学出版社 2016 年版，第 158 页。

彩。尤其是隋唐女子从服饰到发髻种类多样，形态各异，极富有靓妆特点，妆饰争奇斗艳，各显风采。

宋辽金元在经济和文化上的交流继续促进了民族间的融合，但服饰基本保留了汉民族的风格，特别是在理学以及禅宗思想的影响下，服饰趋于拘谨、质朴。再加之崇尚礼制，冠服制度较为严格。有意思的是，宋代出现了很有特色的一种服饰类型——褙子，不仅适用于男子，还作为女子的常服与礼服，一直沿用到明清。元朝初期，由于"以农桑为急务"方针的提出，传统的丝织业得以复兴。在染织工艺中加入织金技术，成为元代纺织工艺及服饰材料的一大特色，再结合蒙古族特色的妆饰，服饰艺术大放异彩，如当时的女子多绾发髻，贵族女子则加戴姑姑冠以示尊贵。

明代废弃了元朝服制，重新根据汉族风俗，即上采周汉，下取唐宋，将服饰制度做了重大修订，尤其是对符合集权统治的服饰等级秩序做了十分突出的规定，出现了区别官阶秩序的又一重要标志服——补子（补服）。补子用各种不同的禽兽纹饰来标识文武官员不同的品级，这是历代服饰中极具特色的一种文化创举。况且，有趣的是"衣冠禽兽"一词，就出典于这类服饰。明代女子冠服制度较前朝更趋完备，其中凤冠、霞帔是最具代表性的贵妇礼服，着冠服的女子形象成为古代女性的典型样貌。清代既是多民族融合的时代，又是封建制度的衰落时期，这从服饰制度发生的重大改变也可以看出。以汉民族文化为基础的服饰由于八旗兵的入关而遭破坏，取而代之的是陌生的异族服装，这使得清代在我国服装史上成为一个较为特殊的历史时期。清代以满族服饰为主，具有典型的北方游牧民族特色，如满族旗装衣袖短窄、素朴肃穆。然而，数千年来的服装等级制仍旧被保留下来，其条文庞杂、章规繁缛的特征更是超过历代。

1840年爆发的鸦片战争，标志着我国近代史的开启。此时西方列强文化的影响也因之日盛，衣冠服饰随之发生了变化。辛亥革命后，原有的古代服饰形制退出了历史舞台，孙中山先生倡导民众扫除弊端、移风易俗，并身体力行为近代服装的改革和发展做出了榜样，以他名字命名的"中山装"对20世纪上半叶国人衣着的影响已远远超出衣服本身。当时，男女服饰更是呈现出新旧交替、中西并存的局面。五四新文化运动之后，受到西方工业文明的冲击，我国服装业开始了艰难的发展历程。在新思想、新观念的影响下，中国女性千百年来固有的服饰形象逐步改变。诸如，改良旗袍成为穿着的时尚，尤以20世纪二三十年代最盛，身穿改良旗袍的女性们出现在上海、香港等大都市的街头，成为服饰繁荣的一大景观。

依此而言，我国历经数千年发展的服饰给今天的生活带来的影响和文化冲击依然存在，这也促使我们渴望了解它的过往。本书以服饰发展脉络中各有特色的服饰"事典"为切入点，展示从先秦直到近现代服饰发展的历史景观。这本中国服饰史通识读本既关注古代服饰的审美和古人的衣生活，又展示近现代国人衣着的新风貌，使读者能够贯穿古今，了解中华民族上下五千年衣生活的过往通变。

全书分列二十余个讲题，力求深入浅出、通俗易懂，将中国服饰史中的各类话题和学识传达给大家，愿大家读后有所收获。

第一章

远古衣饰

　　成书于汉代、相传为西汉礼学家戴圣所编的记述先秦礼制的重要文献《礼记·王制》称："东方曰夷，被发文身……南方曰蛮，雕题交趾……西方曰戎，被发衣皮……北方曰狄，衣羽毛穴居。"[1] 这段关于远古祖先初始开化之际的衣着生活，恰如墨子所言"古之民未知为衣服时，衣皮带茭"[2]。其后，战国《商君书·画策》写道："神农之世，男耕而食，妇织而衣。"[3] 随着社会的进步，古代中国人逐渐告别了"茹毛饮血"的远古过去，开始进入原始文明社会。

　　考古可证，我国最早的服装可以追溯至旧石器时代，伴随着生产力的提高，远古祖先开始有意识地裁制衣物。能够间接确证的实物，就是北京房山周口店山顶洞中出土的约两万年前的骨针（图 1-1）。据考古学家和服饰学家复原研判，这枚鱼刺骨针及其他多件骨锥应该是用以缝纫兽皮衣物的原始工具，此时期远古祖先有了穿衣及选用兽牙、骨管、石珠等串饰装扮自己的行为。 处于萌芽状态中的远古衣饰究竟是何样式呢？迄今为止我们还拿不出具体的实物证据，毕竟母系氏族社会的衣物历经长久风化是无法保留下来的，但旁证物件还是有的。比如，原始社会的陶器彩绘和玉器人形及各类雕刻人物饰品等，可以为我们提供当时人们穿戴服饰的基本样貌。

　　再晚些时候，到了新石器时代的仰韶文化时期，由于原始农业的孕育发展，早期纺织业得以诞生。如出现数量较多的石制和陶制的纺轮，证明除利用兽皮选作衣物外，远古祖先已经利用植物纤维来纺和织更多的衣料，从而扩充了制衣的材料。这在纺织技术成熟之前，可谓是制衣工序的一大进步。事实证明，从仰韶文化所处的新石器时代开始，大约在公元前 5000 年至前 3000 年（距今约 7000 年至 5000 年，持续时间约 2000 年），在整个黄河中游区域，即从今天的甘肃省到河南省之间，已经出现了农耕畜牧，远古祖先

---

[1] 王文锦译解：《礼记译解》，北京：中华书局 2001 年版，第 176 页。
[2] 李小龙译注：《墨子》，北京：中华书局 2007 年版，第 37 页。
[3] （战国）商鞅等著，章诗同注：《商君书》，上海：上海人民出版社 1974 年版，第 57 页。

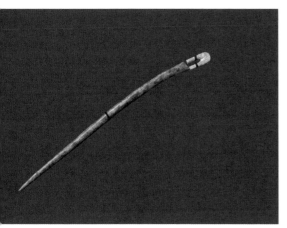

图1-1　山顶洞人骨针（复制品），北京房山周口店山顶洞出土

图1-2　瓮棺中发现的碳化纺织品及其高清放大图，河南荥阳汪沟遗址出土

从被动采摘食物转变为主动生产并繁殖生活资源。此时男女出现劳作分工，女性负责采集、制陶、纺麻，进而养蚕缫丝、纺织毛麻和丝布（图1-2），再就是有意识地自主裁制服装，这使得远古祖先逐步进入穿衣戴帽、注重首饰的文明社会。在我国七千余处较大规模的新石器时代遗址中，有大量出土实物可以为证。例如，山西芮城西王村仰韶文化遗址晚期地层出土的原始工具中，就有石纺轮、陶纺轮。同时期前后，在长江流域的湖北天门石家河新石器遗址中也发现有大量陶纺轮，其类型不下十余种，多数陶纺轮上还绘有花纹。甚而在浙江余姚的河姆渡文化遗址及位于山东章丘的龙山文化遗址中，还发现有织布的工具，如骨梭、木机刀及机具卷布轴等（图1-3），可见文明意识非常显著。

　　应该说，从考古发掘的实物来追溯我国服饰史的源头，这一点极为重要。按照考古线索进行勾勒，基本可以确证在距今约一万年的新石器时代，随着纺织技术的进步，人工织布开始成为服装材料，服装样式和功能也相应发生了变化。此时典型的服装样式就是披风式，类似贯头衣和披单服等。配套的饰品也愈发多样，并且影响和促进了服饰制度的建立。从出土的新石器

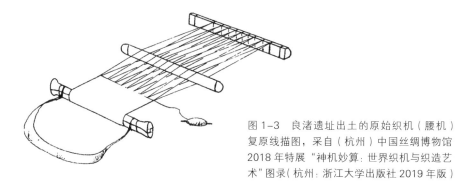

图 1-3　良渚遗址出土的原始织机（腰机）
复原线描图，采自（杭州）中国丝绸博物馆
2018 年特展 "神机妙算：世界织机与织造艺
术" 图录（杭州：浙江大学出版社 2019 年版）

时代陶塑可见，还有冠、靴、头饰和衣物配饰等，远古祖先在穿戴上已经从不自觉迈进了自觉。而到了渔猎、畜牧与农业时期，远古祖先的审美意识开始觉醒，审美观念由此产生，不但对服饰款式有了更多的关注，而且对服装配饰也有了刻意美化的追求。

如上遗存，使我们再次意识到中国服饰起源的线索——《周礼·春官·小史》的《世本》、秦国吕不韦主持编纂的《吕氏春秋》、西汉淮南王刘安及其门客收集史料后集体编写的《淮南子》等文献中提到的黄帝、胡曹或伯余创造衣裳的事迹，是真实可信的。及至东汉许慎在《说文解字·叙》中所论："古者，庖牺氏之王天下也，仰则观象于天，俯则观法于地，视鸟兽之文，与地之宜，近取诸身，远取诸物，于是始作易八卦，以垂宪象。及神农氏结绳为治，而统其事，庶业其繁，饰伪萌生。黄帝之史仓颉，见鸟兽蹄迒之迹，知分理之可相别异也，初造书契。百工以义，万品以察。"[1] 这明晰地论述了服装是人类的独特创造，既是物质文明的成果，又有精神文明的意义。人类已经从蒙昧无知走向文明时代，造出丰富灿烂的物质文明和精神文明。崇尚美是人的天性，衣冠之于人来说，几乎从服装诞生伊始，就涉及生活习俗、审美趣味以及文化心理，从而建构起中华服饰精神文明的深厚底蕴。

---

[1] 郦承铨：《说文解字叙讲疏》，上海：商务印书馆 1935 年版，第 1 页。

第二章

商代服饰

　　殷商时期人们穿衣戴帽究竟是何种模样？在考古学家梁思永看来，其样式多为交领右衽短衣、短裙、裹腿、翘尖鞋，再加上衣缘、裙褶、腰带纹饰，这些常见于铜器、陶器、室壁、仪仗之纯粹殷花纹。[1] 梁思永的考证，依据的是侯家庄西北岗商代大墓1004、1217出土之跪坐人形石刻。此外，梁思永从1934年至1935年，连续两年主持了三次殷墟考古发掘工作，期间规模浩大的商代墓葬出土了成千上万件文物，足以为证。

　　同样，在被视为中国乃至东亚最早成体系的文字——商代甲骨文上，也可见到关于衣着装束的记载。如甲骨文"衣"字，就有多个字形。学界比较认可的说法是"衣"本义为衣服的结构形体，为象形字，是襟衽左右掩覆的形象。许慎《说文解字》对"衣"字分析，"依也。上曰衣，下曰裳。象覆二人之形。凡衣之属皆从衣"[2]。这与讲究"取象"的甲骨文"衣"字形态可谓不谋而合，描绘的是二人形象（二人即多人），衣为人人所必覆，"衣"字取象便成为后世的通俗说法。

　　然而，殷商离我们太过遥远，当我们试图去还原其服饰样貌时，大多只是根据出土文物和有限的文献记载参证探讨。现藏于国内外各类博物馆的商代玉、石、铜、陶人像雕塑，大致有踞坐像、蹲居像、箕踞像、立式像和头像五种类型。踞坐像，一般作双手抚膝，两膝着地，小腿与地面齐平，臀部垫坐脚跟上（图2-1）。具体来看，例如，1935年殷墟第12次发掘的西北岗1217号大墓出土的大理石圆雕人像之残右半身，着交领右衽短衣、短裙、衣缘、裙褶、裹腿、翘尖鞋、宽腰带，衣饰有回纹、方胜纹等。又如，1976年殷墟妇好墓出土的一圆雕玉人（原编号为371），头上编有长长的发辫，辫子的根部位于右耳后侧，在头顶上盘绕，再向下穿过左耳后方，辫梢与辫根相接。头戴"颀"形冠，冠的前面饰有筒状卷形的横式装饰，冠的顶部露出头发，左右两侧有对穿的小孔，靠前也有一小孔，可能是用来插

───────────────

［1］　中国科学院考古研究所编辑：《梁思永考古论文集》，北京：科学出版社1959年版，第153页。

［2］　（东汉）许慎著，汤可敬撰：《说文解字今释》，长沙：岳麓书社1997年版，第1126页。

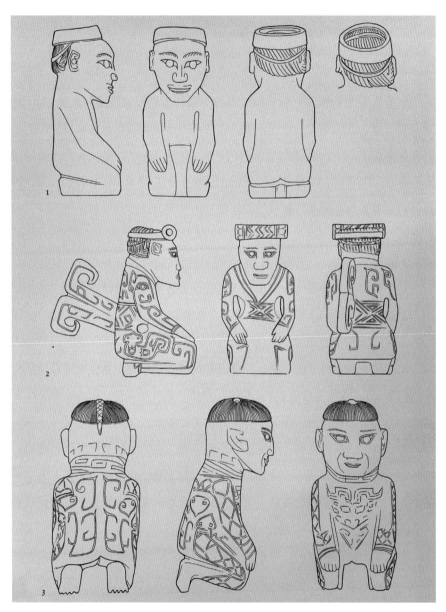

图 2-1　安阳殷墟 5 号墓人形雕像线描图，采自沈从文编著《中国古代服饰研究》（上海：上海书店出版社 2011 年版）

笄固冠的。如《礼记·玉藻》中说道："缟冠玄武，子姓之冠也。"[1]郑玄注："武，冠卷也。"[2]文献中指的可能就是这种带有横筒状卷饰的冠。这个玉人穿着交领的窄长袖衣服，衣长一直到脚踝处，腰上系着一根宽腰带，左腰插着一个卷云形宽柄器物，肚子前面挂着一条长度超过膝盖的"蔽膝"，还穿了一双鞋子，衣饰华丽，神态倨傲，俨然一个富家女眷形象。妇好墓出土的另一圆雕玉人（原编号为372），其头顶心梳编一短辫，垂及颈后。头的中央梳着短短的发辫，发辫垂到脖子后方。这个玉人穿了一件窄长袖衣服，圆领稍高，衣长到小腿的位置，衣服上饰有蛇纹和云纹。妇好墓出土的又一件圆雕玉人（原编号为375），头顶剃光，只留了一圈短发，穿着长袖窄口衣服，衣襟不显，后领较高，衣服的下边缘垂到臀部，背部装饰着云纹，似着鞋。

此外，殷商贵族男性的服饰基本延续自上古衣着的习惯。而且，还有一个非常明显的特点，即上衣均为右衽，这在殷商已经成为服饰穿着的规矩（图2-2）。右衽衣服的长度要盖住臀部，甚至能盖到腿部，袖口较窄，下身为裳，也就是一种大褶子的短裙，其腰间有宽幅腰带束缚。女性则多穿包裹全身的"深衣"，同样是右衽交领、窄袖，腰带与男性的相仿，但在衣襟上配有带刺绣的大巾，头饰为圆箍，非常美观。如此看来，商代伊始对衣着性别和身份大有讲究，比如"裳"的穿着。不论男女，坐的时候都是跽坐，即脚后跟并拢，两膝也需要并拢。并且，为了与上衣下裳的穿着配套，商人大多束起头发。衣服也有了镶边装饰。可以推测，这是讲究衣着场域的一种穿戴要求。殷人的服饰配饰和衣料也很多样，在甲骨文中有相应记载，如衣、裘、巾，做衣服的材料有皮质、麻布和葛布等。当然，这些配饰和衣料多为贵族穿用。贵族们的衣裳和奴隶的服装完全不同，而一般平民和奴隶的穿着，虽然找不到相应的佐证文献，但可以肯定其质料不会是好的麻布或葛布。

除服饰形制外，商代作为奴隶制社会对服饰色彩也有严格的等级规定。例

---

[1]　王文锦译解：《礼记译解》，北京：中华书局2001年版，第410页。
[2]　《十三经注疏》整理委员会整理：《十三经注疏·礼记正义》，北京：北京大学出版社1999年版，第892页。

如，贵族的礼服上衣多采用艳丽的纯
正之色，如黄色或赤色，下裳多用深
色，如绿色和黑色等反复浸染的沉着
颜色。考古出土的这个时期的贵族纺
织品，其色彩以亮色居多，如黄色和
红色，棕色、褐色等也都有大量运用。
当时人们还能从植物中提取蓝色和绿
色，但因为朱砂被发现使用，暖色系
较之冷色系更为普遍。尤其是朱砂属
于矿物质，染色之后，比冷色调更加
耐储存，能保留很长的时间。对考古
出土的丝织品颜色进行分析，暖色确
实较之冷色保留得更好。

　　至于商代服装的装饰图案，也大
有讲究。根据近年来的考证和出土文
物，在有文字的商朝，贵族身上的图
案是根据大自然中的一些动植物演变
而来的，在细节上力求完美。比如，
领子袖口和腰带，还有束腰带和大
巾上的图案，主要是规则对称的连续
不断的重叠的菱形，或是简单的线条
和以传说中的神兽为题材的图案，这
证明商代人已经形成了自己的审美意
识。特别是，服饰图案以神兽和几何
为主，像云或雷这几种比较常见的图
案与商代青铜器上的纹饰十分相像。

图 2-2　商代戴高巾帽、穿右衽交领窄袖衣的玉人，美
国哈佛大学艺术博物馆藏

第三章

章服仪礼

　　我国素有源远流长的礼仪制度，繁荣灿烂的衣冠文化就是这一礼仪制度的首要标志，更是有别于世界其他民族的显著特色。"衣"与"冠"是紧密相连的，这在汉字的"初"字上就有体现，该字在许慎《说文解字》中解释为"始也。从刀，从衣。裁衣之始也"[1]。可见，衣裳自古被视为一切事物的初始，也可以说是人与动物相区别的重要标志。而《周易》又称"黄帝、尧、舜垂衣裳而天下治"[2]，衣裳被古代圣贤推崇并神化为中华文明孕育的象征，由此构成我国古代冠服礼制的历史基础，其内容之宏富，为世所瞩目。

　　冠服制度初起于夏商，至西周逐步完善，春秋战国之交被正式纳入"礼治"范畴。周公所作的《周礼》是承殷商之礼而形成的国之最早的社会规范，其核心是要求各阶层安分守己，不得僭越，即天子有天子礼乐，诸侯有诸侯礼乐，各阶层别而有序。其中关涉最多的自然就是繁多复杂的服饰礼制，在先秦多以"章服仪礼"出现。此后，历朝历代都出现了林林总总的舆服规制。而记载古代"章服仪礼"的文化典籍也异常丰富，从《周礼》《礼记》到《三礼图》《礼器制度》，正史中的舆服志之类，从《唐开元礼》《通典》到《元典章》，从《三才图会》《明集礼》《明会典》到《清通礼》《清会典》等。

　　周礼服饰制度开始将服饰纳入"礼"的规制，以示"分贵贱、别等威"，由此逐步构成古代帝王冠冕服饰的"章服制度"，又称"十二章服"。据史料记载，夏王禹生活节俭，只有到隆重的祭祀时才会身着华美的礼服黼冕，以示对神明的崇敬。至商代家养蚕业开始普及，甲骨文中就出现有桑蚕、丝麻、帛衣、裘巾等，这显示了当时服饰衣着的讲究。西周时养蚕、织染等已成为分工精细的行业，沈从文认为，此时期能织极薄的精细绸子和几种提花织物。东晋王嘉编写的《拾遗记》记载了西周服饰的繁华："五年，有因祗

---

[1]（东汉）许慎著，汤可敬撰：《说文解字今释》，长沙：岳麓书社 1997 年版，第 591 页。
[2] 冯国超译注：《周易》，北京：华夏出版社 2017 年版，第 390 页。

国去王都九万里，来献女功一人……其人善织，以五色丝内口中，引而结之，则成文锦。其国人又献云昆锦，纹似云从山岳中出也。有列堞锦，纹似云霞覆城雉楼堞也。有杂珠锦，纹似贯佩珠也。有篆文锦，纹似大篆之文也。有列明锦，纹似罗列灯烛也。"[1]可见，西周时由于丝绸生产蔚然可观，皇亲贵戚的服饰乃是一道锦绣绮丽的繁华风景线。

尽管目前还缺少出土实物的直接印证，但据春秋战国文献判断，周礼服饰制度业已完备。如鲁桓公二年（前710），臧哀伯谏纳郜鼎时，即以服饰制度举例劝国君不要做不合德义的违礼之事："衮、冕、黻、珽，带、裳、幅、舄，衡、纮、纮、綖，昭其度也。藻、率、鞞、鞛、鞶、厉、游、缨，昭其数也。火、龙、黼、黻，昭其文也。五色比象，昭其物也。"[2]这表明周代服制因袭前朝传统，但又有变化与创新，并将服饰与治天下联系在一起，确立起完备的章服制度。

那么，具体的章服制度又是如何规约等级的呢？以下择其要述之。

1. 帝王冕服

所谓"冕服"（图3-1），是由冕冠和礼服搭配而成的帝王在举行各种祭祀活动时身穿的"礼服"，且根据不同的仪轨要求有着不同的穿法。依据《周礼》《礼记》和《仪礼》等文献记载，"六冕"乃是天子的六种祭服，从公侯直至士大夫，都可以依身份穿戴相应的冕服。"六冕"的特定要求是："祀昊天上帝则服大裘而冕，祀五帝亦如之；享先王则衮冕；享先公、飨、射则鷩冕；祀四望、山川则毳冕；祭社稷、五祀则絺冕；祭群小祀则玄冕……公之服，自衮冕而下如王之服；侯伯之服，自鷩冕而下如公之服；子男之服，

［1］（宋）李昉等编，华飞等校点：《太平广记·足本》（普及本），北京：团结出版社1994年版，第1036页。
［2］陈戍国点校：《四书五经》，长沙：岳麓书社2023年版，第563页。

图 3-1　冕服示意图，刘丹、仇运宁绘

自毳冕而下如侯伯之服。孤之服，自绨冕而下如子男之服。卿大夫之服，自玄冕而下如孤之服……士之服，自皮弁而下如大夫之服。"[1]

　　大裘冕（王祀昊天上帝的礼服），为冕与中单、大裘、玄衣、纁裳配套。纁即黄赤色，玄即青黑色，玄与纁象征天与地的色彩。上衣绘日、月、星辰、山、龙、华虫六章花纹，下裳绣藻、火、粉米、宗彝、黼、黻六章仡纹，共十二章。

　　衮冕（王之吉服），为冕与中单、玄衣、纁裳配套。上衣绘龙、山、华

[1]　杨天宇：《周礼译注》，上海：上海古籍出版社 2004 年版，第 313—316 页。

虫、火、宗彝五章花纹，下裳绣藻、粉米、黼、黻四章花纹，共九章。

鷩冕（王祭先公与飨、射的礼服），与中单、玄衣、纁裳配套。上衣绘华虫、火、宗彝三章花纹，下裳绣藻、粉米、黼、黻四章花纹，共七章。

毳冕（王祀四望、山川的礼服），与中单、玄衣、纁裳配套。上衣绘宗彝、藻、粉米三章花纹，下裳绣黼、黻二章花纹，共五章。

绨冕（王祭社稷、先王的礼服），与中单、玄衣、纁裳配套。上衣绘粉米一章花纹，下裳绣黼、黻二章花纹。绨，是绣的意思，故上衣下裳均用绣。

玄冕（王祭群小即祀林泽坟衍四方百物的礼服），与中单、玄衣、纁裳配套。上衣不加章饰，下裳绣黻一章花纹。

可见，冕（先秦时期帝王或诸侯所戴礼帽，宋之后专指皇帝的礼帽）与服之间有着搭配的关系，如大裘冕配羔裘、衮冕配衮龙衣、鷩冕和毳冕配裨衣等。

此外，六冕还与大带、革带、韨、佩绶、赤舄等搭配来穿，并且根据穿着的人的身份高低，用花纹来做区分。周代王后与国王的礼服是相配套的，同样分为六种规格。《周礼·天官》中记载道："内司服掌王后之六服，袆衣、揄狄、阙狄、鞠衣、展衣、缘衣，素纱。"[1] 其中前三种为祭服，袆衣是玄色加彩绘的衣服，揄狄青色，阙狄赤色，鞠衣黄色，展衣白色，缘衣黑色。揄狄和阙狄是用彩绢刻成雉鸡之形，加以彩绘，缝于衣上做装饰。六种衣服都用素纱内衣为配。女性的礼服采用上衣与下裳不分的袍式，表示其美德重在情感专一、从一而终。

冕冠，是先秦帝王冕服里的冠式，也是中国古代最为重要的冠式，始于周代，又称"旒冠"，俗称"平天冠"或"一片瓦"。冕冠与冕服、赤舄、佩绶等，同时列为在祭祀等大典活动上穿着的服饰。《说文解字》中对"冕"读解道："大夫以上冠也。邃延、垂旒、纮紞。"[2] 即冕是帝王、王公、卿大夫

---

[1]　杨天宇：《周礼译注》，上海：上海古籍出版社 2004 年版，第 122 页。
[2]　（汉）许慎著，汤可敬撰：《说文解字今释》，长沙：岳麓书社 1997 年版，第 1034 页。

在参加祭典等典礼活动时所戴的等级最高的礼冠。冕冠，主要由延、旒、帽卷、玉笄、武、缨、纩、纮等部分组成。周礼中对冕冠的佩戴有规定，即必须身穿冕服方可戴冕冠。冕冠的基本样式和制度延续至随后几代王朝，一直到唐代才有所改变，创造出了天河带，并使用二十四旒。到了明代，朝冠代替冕冠成为重要礼冠。

《礼记·玉藻》中写道："天子玉藻，十有二旒。前后邃延，龙卷以祭。"[1]郑玄注："天子以五采藻为旒，旒十有二。"[2]孔颖达疏："天子前之与后，各有十二旒。"[3]宋代诗人梅尧臣在《次韵景彝奉慈庙孟秋摄事二十韵》中写道："却直中书省，重瞻十二旒。"[4]周代天子冕上有十二旒，按诸侯等级高低，旒的数目会递减。又因为一年为十二个月，而皇帝自命其顺天应命，由此选择"十二"这个数字。如是，冕冠前后各悬十二旒，每旒贯十二块五彩玉，按朱、白、苍、黄、玄的顺序排列，每块玉相间各一寸，每旒长十二寸。冕冠以五彩丝绳为藻，以藻穿玉，以玉饰藻，故称"玉藻"，象征着五行生克及岁月运转。天子的衣服上饰以卷龙纹。冕冠的常见样式为圆筒状帽卷上盖之以冕板（称为"延"），冕板后面比前面略高一寸，以使其向前倾斜，好似在向前俯身，代表着帝王对百姓的体恤和关心，冕的名称就是由此而来的。冕板是木质的，上面涂着玄色代表天，下面涂着𫄸色意味着地，前圆后方，亦是天地的象征。帽卷外面黏附着黑色的纱，内里以红绢为衬，左右两侧各开了一个插玉笄的孔，玉笄的两头在耳朵旁垂下两个黈纩（黄色丝绵做成的球状装饰），成为"瑱"或"充耳"，意为帝王不能轻信奸佞之言。冕冠的旒数也有讲究，按照典礼轻重和佩戴者的身份来区分。若是按典礼轻重来分，天子祀上帝的大裘冕和天子吉服的衮冕用十二旒；天子享先公服鷩冕用

---

[1] 王文锦译解:《礼记译解》，北京:中华书局2001年版，第410页。

[2] 《十三经注疏》整理委员会整理:《十三经注疏·礼记正义》，北京:北京大学出版社1999年版，第872页。

[3] 同上。

[4] 北京大学古文献研究所编:《全宋诗》(第5册)，北京:北京大学出版社1998年版，第3320页。

九旒，每旒贯玉九颗；天子祀四望、山川服毳冕用七旒，每旒贯玉七颗；天子祭社稷、五祀服绨冕用五旒，每旒贯玉五颗；天子祭群小服玄冕用三旒，每旒贯玉三颗。根据服用者的身份、地位，只有天子的衮冕用十二旒，每旒贯玉十二颗。公之服低于天子的衮冕，用九旒，每旒贯玉九颗；侯、伯服鷩冕用七旒，每旒贯玉七颗；子男服毳冕用五旒，每旒贯玉五颗；卿大夫服玄冕，按官位高低又有六旒、四旒、二旒的区别。三公以下只用前旒，没有后旒。凡是地位高的人可以穿低于规定的礼服，而地位低的人不允许穿高于规定的礼服，否则要受到惩罚。

2. 十二章纹

衣服上织、绣或绘的图案，叫作"章"。十二章来自自然界形象或图腾崇拜的日、月、星辰、山、龙、华虫、宗彝、藻、火、粉米、黼、黻等十二种图案（图 3-2），最初不过是对自然的崇拜和对服装的美化，但在漫长的岁月中逐渐被赋予神圣的意义并成为权力的象征。《虞书·益稷》记载道："予欲观古人之象，日、月、星辰、山、龙、华虫作会，宗彝、藻、火、粉米、黼、黻，绨绣，以五采彰施于五色作服，汝明。"[1]其中包含了至善至美的帝德，如天地之大，万物涵复载之中；如日月之明，八方囿照临之内。

"日"即太阳，太阳当中常绘有金乌，这是汉代以后太阳纹的一般图案，取材于"日中有乌""后羿射日"（《淮南子·精神训》）等一系列神话传说。

"月"即月亮，月亮当中常绘有蟾蜍或白兔，这是汉代以后月亮纹的一般图案，取材于"嫦娥奔月"（《归藏》、《淮南子》古本、张衡《灵宪》）等神话传说。

"星辰"即天上的星宿，常以几个小圆圈表示，各星间以线相连，组成

---

[1]　冀昀主编：《尚书》，北京：线装书局 2007 年版，第 28 页。

图 3-2　十二章纹：日、月、星辰、山、龙、华虫（作绩），宗彝、藻、火、粉米、黼、黻（缔绣）

一个星宿。

　　"山"即群山，其图案为群山形。

　　"龙"为龙形。

　　"华虫"，按孔颖达的解释，"谓雉也。……雉是鸟类，其颈毛及尾似蛇，兼有细毛似兽"[1]（《礼记·王制》孔颖达疏）。

　　"宗彝"即宗庙彝器，作尊形。

　　"藻"即水藻，为水草形。

---

[1]《十三经注疏》整理委员会整理：《十三经注疏·礼记正义》，北京：北京大学出版社1999年版，第354页。

"火"即火焰，为火焰形。

"粉米"即白米，为米粒形。

"黼"是黑白相次的斧形，刃白身黑。

"黻"是黑青相次、两弓相背的"亚"形。

"十二章"为章服之始，后又衍生出九章、七章、五章、三章之别，按品位递减。天子有十二章：日月星辰，取其照临；山，取其镇，取其人所仰，也具有能兴雷雨的含义；龙，取其变；华虫，取其文；宗彝，昂鼻岐尾，是一种智兽；藻，即水草，取其洁；火，取其明；粉米，取其养；黼，为斧形，刃白身黑，取其断；黻，为两弓相背，黑青相次，有背恶向善之义，也有君臣离合之义，同时体现了原始人对于宇宙对立统一规律的抽象认识。天子以下章数依次减少，上公冕服九章，诸侯冕服七章，诸伯冕服如诸侯，诸子冕服五章。由此可见，"十二章"在服饰图案的设计上也贯穿着礼的内涵，体现着伦理等级观念。"十二章"没有纯粹的装饰，图案的设计从属于这个象征意义的体系。

十二章纹早在原始社会就已经初见端倪，当时人们注意到了日、月、星辰能提供判断天气的依据。山是人们日常生活资源的重要来源，龙是中国人崇拜的原始图腾，华虫（雉鸡）是原始人狩猎的主要对象，弓和斧是人们劳动生产的工具，火对人类的生活方式有极大的改变，粉米则是人们农业生产的成果。所以早在新石器时代的彩陶文化中，日纹、星纹、日月山组合纹、火纹、粮食纹、鸟纹、蟠龙纹、弓形纹、斧纹、水藻纹等就已经出现在原始人类的日常生活中。不过到了奴隶社会，统治阶级为了满足其政治上的需求，开始对这些原始元素进行系统化的设计，并且不允许平民和奴隶使用，而是仅仅用来象征统治者的权威，以上其他制度化的设计也是这个缘故。

与此同时，由于古时有席地而坐的习惯，又创制出几、席与冠冕服饰搭配，其使用规制也比较讲究。比如，几、席是比较讲究的坐具，贵客都是独自一人坐单席搭配单几使用；若是坐连席，长者应坐席的一端，其后分别是加席、重席、侧席、专席等，以表尊敬。甚至用席多少、好坏，配几有几张，都是按贵贱而论，因而有了"冠冕几席"的说法。至此，服冕乘轩、冠冕堂皇等成语也流传开来。

古代的几，也叫作"案几"。之所以将案和几并称，是因为这两者在形式和用途上十分相似，很难做到泾渭分明。几主要用于坐姿倚靠，案是铺地设座，进食、读书写字时使用。几和案的形式很多，用途不一，于厅堂殿阁的布置上，也同其他家具一样各有规范。比如，坐具的规范关乎礼之大体。《周礼·春官》中记载："司几筵掌五几、五席之名物，辨其用，与其位。"[1]五几为天子玉几、诸侯雕几、孤用彤几、卿大夫漆几、丧事用素几。国宾老臣朝见天子用雕几，天子接待来访使者用彤几，天子田猎设彤几。几为坐的依凭，用几是一种尊荣的体现。《周礼·春官》中写道："凡大朝觐、大飨射，凡封国、命诸侯，王位设黼依……左右玉几。"[2] "天子设斧依于户牖之间，左右几。"[3]贾公彦曾说："左右玉几唯王所凭。"[4]总之，王比别人要多用几，用好的几。五席为莞、藻、次、蒲、熊，分别以不同材料编成，按礼节轻重使用。天子祭天时"大路越席"，即乘大路（大辂）坐越席（蒲席）。《周礼·春官》郑玄注："天子大袷祭五重，禘祭四重，时祭三重。"[5] "诸侯袷祭三重，禘祭二重，时祭亦二重……卿大夫以下唯见一重。"[6]但也有相反的，天子祭天反用粗席，"蒲越藁秸"，取"礼也者，反本修古，不忘其初也"（《礼记·礼器》）之意。

---

［1］《十三经注疏》整理委员会整理：《十三经注疏·周礼注疏》，北京：北京大学出版社1999年版，第616页。

［2］同上。

［3］杨天宇：《仪礼译注》，上海：上海古籍出版社2004年版，第289页。

［4］《十三经注疏》整理委员会整理：《十三经注疏·周礼注疏》，北京：北京大学出版社1999年版，第616页。

［5］同上书，第620页。

［6］同上书，第620—621页。

第四章

曲裾深衣

　　曲裾深衣是中国传统服饰的基本款式，如今许多人已经比较陌生。大家喜欢说"汉服"或"唐装"，殊不知这类服饰的称谓都是被演绎过的说法，而国人传统服饰的真正渊源，抑或汉族传统服饰的雏形，则是曲裾深衣。曲裾深衣出现于春秋战国时期，到了秦汉趋于流行与普及，其形制为上下一体，即衣和裳相接，有点类似于现在的连衣裙。

　　那么，这种服饰为何称"曲裾深衣"呢？《礼记正义》中有这样的解释："此深衣衣裳相连，被体深邃。"[1]依照文义来看，关键在"被体深邃"。曲裾深衣的最大特点就是身体深藏而不露，这说明古代社会不但衣着不能露出身体，而且无论男女服饰连身形也不能随意显露。如《礼记·内则》特别强调"女子出门，必拥蔽其面"[2]，试想连脸面都需要遮盖起来，如何能袒胸露体呢？这是古代封建礼制管束下，中国穿衣重"道"讲"礼"的一种体现。《礼记正义》中对"被体深邃"有解，但对曲裾深衣究竟为何种款式并无明确解释，后世许多经学家也读解不一。根据出土的秦汉陶俑及汉画像砖（石）中相关形象的图像资料（图4-1、图4-2、图4-3），此时期男女穿着的服饰皆为深衣制是毋庸置疑的。深衣服饰，全身包裹，衣襟加长，长至足踝或曳地，下摆自上至下逐渐变宽，形似喇叭，行走之时不会露出足部。常见的衣袖有两种——宽袖和窄袖，袖口进行镶边处理。衣领采用交领或方领，领口较低，可以露出里衣的衣领。此外，汉代还出现了一种窄袖紧身的式样——绕襟深衣，衣服从衣领开始旋转多层直到臀部，用绸带在腰部系住。此种深衣纹饰华丽、制作精良，是我国古代服饰中常见的样式。

　　依此分析，归纳来说："续衽钩边"是指衣裳没有开衩，衣襟呈三角形旋转绕至臀部，用绸带束住；深衣下半部分宽大，长至足踝或曳地，无论性

---

[1]《十三经注疏》整理委员会整理：《十三经注疏·礼记正义》，北京：北京大学出版社1999年版，第1561页。
[2]　王文锦译解：《礼记译解》，北京：中华书局2001年版，第369页。

图 4-1　汉代戴冠木俑　　　　图 4-2　汉代着衣歌俑　　图 4-3　汉代彩绘深衣男陶立俑

别、身份、贵贱，都会穿着。《礼记·深衣》中有更为准确的说法："古者深
衣盖有制度，以应规、矩、绳、权、衡。短毋见肤，长毋被土。续衽钩边。
要缝半下。袼之高下，可以运肘；袂之长短，反诎之及肘。带，下毋厌髀，
上毋厌胁，当无骨者。制：十有二幅以应十有二月……"[1] 郑玄注："深衣，
连衣裳而纯之以采者。"[2] 其实，深衣的具体形制可参考《礼记·玉藻》篇的
记载："深衣三袪，缝齐倍要，衽当旁，袂可以回肘。长、中继掩尺，袷二
寸，袪尺二寸，缘广寸半。"[3] 概括而言，"深衣"便是因其前后深长而得名。
还有一个特点不容忽视，就是续衽钩边。"衽"指的是衣襟，"续衽"顾名思
义也就是接长衣襟，这在裁剪上仍然是上"衣"和下"裳"分开缝制，在缝

---

[1]　王文锦译解：《礼记译解》，北京：中华书局 2001 年版，第 875—876 页。
[2]　《十三经注疏》整理委员会整理：《十三经注疏·礼记正义》，北京：北京大学出版社 1999 年版，第 1560 页。
[3]　王文锦译解：《礼记译解》，北京：中华书局 2001 年版，第 412 页

制的时候用腰带将上下缝成一体。这种服饰与其他汉服形制不同的地方，在于衣袖为圆形，衣领为交领或方领，体现了古风衣着尊重"规矩"的观念。

的确，曲裾深衣的穿着很有姿态，曲裾的出现与汉族衣冠服饰最初没有连裆的罩裤有关，为避免春光乍现，衣着下摆增加了几重缠绕加以保护，这种做法比较符合礼制。因此，可以说曲裾深衣在先秦至汉代未有裤[1]的情况下较为流行。深衣是起初常见的形制，衣领通常采用交领，领口露出内穿的中衣。如果有穿多件中衣，那么，每件中衣的领子一定要露出来，多的时候超过三层，时称"三重衣"，这是比较讲究的穿着方式。当然，此时的汉族服饰中只有罩裤（一种绑腿裤样式），起初是没有连裆的，所以需要绕襟的深衣样式加以保护身体的私密性，下摆便依靠几层中衣的覆盖，这符合"理"也符合"礼"的规制。后来，国人有了穿内衣的意识，到汉代逐渐形成内衣、中衣和外套衣的概念。汉代称内衣为"抱腹"或"心衣"，唐代对内衣的称谓也是依照汉代的观念发展为"诃子"，宋代称之为"抹胸"。关于"裤"，则主要是汉代之后，即魏晋南北朝时期汉族吸收西域马背民族穿着的"袴褶"—— 一种跨马骑乘的"腿衣"，形制类似于绑腿的开裆裤装—— 发展而成。这意味着在古代很长一段时期里，国人并没有保护自身隐私部位的内衣穿着习惯，而采用曲裾深衣的外在围裹，不啻是一种选择。只是男子为了行走方便，穿着下摆宽大的曲裾；而女子较为优雅矜持，所以曲裾稍显紧窄。从出土的战国及汉代壁画和俑人造型来看，许多女子的曲裾下摆都呈现出喇叭花型的样式。之后，当裤（一种开裆裤）出现，男子曲裾越来越少见，曲裾仅限于女子衣装穿着，直到东汉末至魏晋，女子深衣才逐渐式微，而襦裙始兴。应该说，曲裾深衣的款式平和中正、儒雅大气，男女皆可穿。特别是在正式场合，作为礼服的一种，绕襟的曲裾深衣要求"行不露足"。古

---

[1]　裤，为形声字，从"衣"，从"夸"。当"衣"解释，多为"被"和"覆"（古时称"鞋衣"，亦称"腿裤"）；"夸"为"跨"。将"衣"与"夸"结合，即表示古时便于跨马骑背的一种"腿衣"。

时对女性衣着乃至仪态的约束十分繁杂，要求"行不露足"，自然也就限制了女性的行走步态。

至于深衣的形制特点，可以总结为宽衣、广袖、博带、衣裳相连、矩领、素色、彩边，上衣下裳或分开裁剪后上下连属。一件深衣需要使用十二幅布，"以应十有二月"，长度要盖过脚面。并且，深衣的设计严格遵循"五法"——规、矩、权、绳、衡。深衣大多是用麻布、白布裁制的，处于斋期则采用缁色。有的深衣若要添加色彩的话，就在衣裳边缘绣绘一些纹样。腰上的丝带名为"大带"或"绅带"，用来插笏板。西汉早期，男子穿深衣较为常见，到东汉便很少穿了，他们大多开始穿直裾之衣，但这种衣服不能作为正式礼服使用。

归纳而言，秦汉时期的曲裾深衣大致有两种：一种是广义的曲裾深衣，一种是狭义的曲裾深衣。广义的曲裾深衣，指凡是上下分离裁剪而缝合在一起、有续衽的衣服款式。狭义的曲裾深衣，指符合绕襟、绕体、续衽、钩边等要求的衣服款式。狭义的曲裾深衣又分为两种：一种是续三角衽（图4-4），有衽角在背后系和衽角在前面系两款；一种是续梯形或矩形的衽（图4-5），都是在背后系，而右衣片也就是内襟挖去了一块，这是其特色。

【知识链接】

直裾袍衣　在马王堆汉墓中出土的衣饰比较典型，其上半身部分正裁，共有四片，身侧部两片，两袖各一片，宽度均为一幅。四片拼合后，将腋下缝起领口挖成琵琶形，领缘斜裁两片拼成，袖口宽约25厘米，袖筒较肥大，下垂呈胡状。袖线宽与袖口略等，用半幅白纱直条，斜卷成筒状，往里折为里面两层，因而袖口无缝。下裳部分正裁，后身和里外襟均用一片，宽各一幅。长与宽相仿，下部和外襟侧面镶白纱缘，斜裁，后襟底缘向外放宽成梯

图 4-4　汉代朱红菱纹罗丝绵袍

图 4-5　汉代印花敷彩纱丝绵袍

图 4-6　汉代素纱襌衣（曲裾）

图 4-7　汉代素纱襌衣（直裾）

形，前襟底缘右侧偏宽。在袍服外还要佩挂组绶，组是官印上的绦带，绶是用彩丝织成的长条形饰物，又称"印绶"，以绶的颜色标示身份的高低。汉代女性礼服也采用深衣制，深衣中一种无衬里的单衣称为"襌衣"，有曲裾、直裾两种（图4-6、图4-7）。曲裾襌衣与曲裾袍的裁法相同，直裾襌衣的上衣部分正裁四片，下裳部分斜裁三片，两袖无胡，底边无缘。

裙　在东汉时期对此有两种解释：一种以许慎的《说文解字》为代表，解释为衣袍；一种以扬雄的《方言》和刘熙的《释名》为代表，解释为后裙或衣袖，不过这种解释并不明确。汉代又出现直裾和曲裾的说法，这样的解释就更难说通。结合考古实物和文献比照来看，"裾"指的是深衣的衣襟边缘（襟为衣服的前片，左边叫"左襟"，右边叫"右襟"），如果衣襟是直的边，穿上后边缘垂直于地面的，就称为"直裾"；如果衣襟边较长，穿时需要盘绕后再束住的话，就称为"曲裾"。由于"曲裾"形式的深衣比较长，通常会在背后缠绕，因此扬雄的《方言》解释为"后裙"。

第五章

衣饰『领袖』

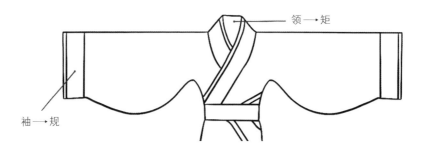

领→矩

袖→规

图 5-1　衣饰"领袖"示意图，刘丹绘制

　　衣饰"领袖"（图 5-1）的话题，可谓林林总总。就字义而言，说法也有许多。比如，单就"领"字含义来说，是指颈（脖子）。先秦《诗经·卫风·硕人》中写道："领如蝤蛴，齿如瓠犀，螓首蛾眉。"[1]这"领"字，也确有引领之意。其后，汉代刘熙在《释名》中记载道："领，颈也，以壅颈也，亦言总领衣体为端首也。"[2]如是，可确认《诗经》的说法，领是用来围合颈的。《释名》也认为领是衣服的"开领"。这些说法与古时"一领"衣之说，完全吻合。《后汉书·儒林传序》中的成语"方领矩步"[3]，则对衣领之说有了延伸：东汉建武五年，光武帝设立太学，效法古代典章制度，释奠礼上使用古舞，儒生衣着方领行矩步。这"方领"又称"直领"，是古代儒生的正装衣领样式，乃有"黼衣方领"之称，其领款为"颈下施衿领正方"[4]，颇为端庄。随后的晋朝对衣领之说又有引申，如陶潜《闲情赋》中写道："愿在衣而为领，承华首之余芳。"[5]可见，衣领与头脑关联在一起，更与思想和智慧挂上了钩。如是说，出现黼纹的皇帝衣领被称为"黼领"。"黼"乃周朝兴起的服饰十二章纹中的黑身白刃斧头状图案，寓意"善恶分明、知错即改"。

————————

［1］王秀梅译注：《诗经》，北京：中华书局 2016 年版，第 77 页。

［2］（清）王先谦撰集：《释名疏证补》，上海：上海古籍出版社 1984 年版，第 165 页。

［3］（南朝宋）范晔著，（唐）李贤等注：《后汉书》，北京：中华书局 2000 年版，第 1717 页。

［4］同上书，第 568 页。

［5］金融鼎编注：《陶渊明集注新修》，上海：华东理工大学出版社 2017 年版，第 236 页。

图 5-2　明朝皇帝的黼领中单（由左至右：明世宗朱厚熜、明神宗朱翊钧、明光宗朱常洛的画像局部）

"黼"在帝王衣领处用作纹章，"绣刺黼文以褙领"[1]，用意在于以纹饰提醒皇帝时刻保持头脑清醒，明断善恶。这大概是最为经典的"衣领"与"头脑"相关联的说法（图 5-2）。

　　进言之，古代服饰的衣领演变有一条基本轨迹，即从夏商周到隋唐，逐渐多样和领口开放，反倒是从宋到明清，领口逐渐封闭。之所以出现这种趋势，有三种解释：一种是天气逐渐变冷说，一种是礼教日盛说，还有一种是国力衰退、自我封闭说。近代出现的中式立领源于明代交领，其款式是衣襟左右相交，沿颈部一周高出脖子，后历经清代融合了汉人女子服饰中的领型，以及随着近代审美趣味与思想观念的变化，领子高低也趋于多样化，逐渐形成中式服装中的领型（图 5-3）。

　　关于"袖"，《释名》解释道："由也，手所由出入也。"[2]古装衣服袖子一般由两个部分构成：一是"祛"，缝接于袖端的边缘；一是"袂"，即古装大袖下垂部分，后用来以表示整个袖子（图 5-4）。古时流传下来的"张袂成阴"，就是形容衣袖张开能遮掩天日。又有成语"接袂成帷"，是说衣袖宽

[1]《十三经注疏》整理委员会整理：《十三经注疏·尔雅注疏》，北京：北京大学出版社1999年版，第141页。
[2]（汉）刘熙：《释名》，北京：中华书局1985年版，第77页。

图 5-3.1　唐代周昉《挥扇仕女图》（局部），故宫博物院藏

图 5-3.2　南宋佚名《歌乐图》（局部），上海博物馆藏

图 5-3.3　明代唐寅《王蜀宫妓图》（局部），故宫博物院藏

图 5-3.4　清代佚名《乾隆皇帝主位喜容像》（局部），故宫博物院藏

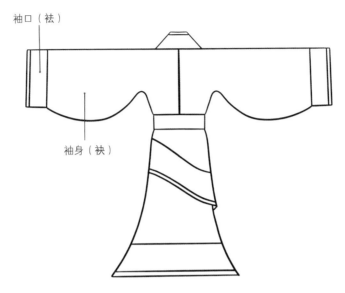

袖口（袪）

袖身（袂）

图 5-4　"袪"和"袂"示意图，刘丹绘

幅之大连接起来似帷幕。再如广袖高髻，"衣袖长堪舞，喉咙转解歌"[1]（元稹《酬周从事望海亭见寄》），"留花翠幕，添香红袖，常恨情长春浅"[2]（赵彦端《鹊桥仙·送路勉道赴长乐》），"侵晨浅约宫黄，障风映袖，盈盈笑语"[3]（周邦彦《瑞龙吟·章台路》）等。可见，古时关于衣袖的说法非常之多。直至如今，所谓"联袂"之意，实际上也是衣袖的引申说法，即手牵手，衣袖紧挨在一起。同样，由于衣袖贴着手臂，又有了与"手段"联系之说。《西游记》第二十五回中说道："大仙把玉麈左遮右挡，奈了他两三回合，使一个'袖里乾坤'的手段。"[4]《西游记》给"衣袖"再添上新的解说。不仅如此，"袖里乾坤"还有着多种文化释义。诸如碧鬟红袖、翠袖红裙、红袖添香，有美化之意；袖里藏刀、袖中挥拳，有隐藏之意；袖手旁观、摆袖却金、

［1］周振甫主编：《唐诗宋词元曲全集·全唐诗》（第 8 册），合肥：黄山书社 1999 年版，第 2976 页。

［2］周振甫主编：《唐诗宋词元曲全集·唐宋全词》（第 3 册），合肥：黄山书社 1999 年版，第 1188 页。

［3］周振甫主编：《唐诗宋词元曲全集·唐宋全词》（第 2 册），合肥：黄山书社 1999 年版，第 602 页。

［4］（明）吴承恩：《西游记》，北京：北京理工大学出版社 2019 年版。

拂袖而去，有表态之意。在古代，人们还用袖子携带钱财、书信、细软等。于是，成语"两袖清风"用来形容官员自身廉洁，袖子里没装金银，才有可能随风而舞动。又有"长袖善舞"，如先秦韩非《韩非子·五蠹》中说道："鄙谚曰：'长袖善舞，多钱善贾。'此言多资之易为工也。"[1]一则是说袖子长有利于起舞，意为有所依靠，事情容易成功；另一则是形容有财势而耍手腕，善于钻营。

从"领"与"袖"的特点和作用来看，衣装领袖一向是人们在穿戴中极为看重的。况且，自古传统文化中就有将"领袖"与"衣冠"同列为"礼义之始，在于正容体"[2]（《礼记·冠义》）的说法。《晋书·魏舒传》中更有记载，魏舒为朝廷鞠躬尽瘁，深受晋文帝器重，文帝每次朝会坐罢，目送时便与众臣说道："魏舒堂堂，人之领袖也。"[3]这"领袖"已然不是简单的服饰部件，而是具有文化意义上的内蕴。晋文帝提及"人之领袖"，是说魏舒既有思考力，又有行动力，自然也可理解为我们今天所说的"带头人"，或"杰出""表率"之人。其实，在东汉末期，贵族和名士对官服的等级意识并不明显。比如，袁绍、孙坚、诸葛亮、周瑜、曹操等人的衣着与首服都比较简朴，其首服形制如同百姓头上扎戴的"巾帻"。如是看来，晋文帝并不忌讳说魏舒是领袖，因为古时要成为真正的"领袖"，尚需有配套的服饰，经过冠冕加封。

清末戊戌变法，谭嗣同等"六君子"被杀，变法失败。但是，他们的变法主张激发了国人更加强烈的反抗意识。章士钊面对此种情形，以笔名"黄中黄"在《沈荩》第二章中动情写道："北方之谭嗣同，南方之唐才常，领袖戊戌、庚子两大役，此人所共知者也。"[4]这时的"领袖"已不只是杰出和

[1] 刘乾先等译注：《韩非子译注》，哈尔滨：黑龙江人民出版社2002年版，第804页。
[2] 王文锦译解：《礼记译解》，北京：中华书局2001年版，第909页。
[3] （唐）房玄龄等：《晋书》，北京：中华书局1974年版，第1186页。
[4] 《章士钊全集》（第1卷），上海：文汇出版社2000年版，第124页。

表率的含义，虽没有冠冕加封的高贵，但这种带领文人士大夫起来革故鼎新的勇气和坚持，着实值得敬佩。"领"一座山，"袖"两江水，原本为服饰部件的"领"与"袖"，以文化延传的名义融进历史。

随着历史的发展，等级观念发生了相应的变化。过往头戴冠冕的帝王或达官贵人的种种贵族化象征，已灰飞烟灭，"领袖"的高贵概念也逐渐淡化。现如今，就衣饰而言，"领袖"可以看作是上衣不可或缺的组成部分，人人皆适用，这样的服饰穿着也符合当代大众的视觉心理。由此，"领袖"也被演绎为来自民众，与民众同呼吸、共命运的伟大人物，其概念发生了极大转变，更具有深刻的文化意义。

第六章

古代眉妆

"两弯似蹙胃烟眉，一双似喜非喜含情目。"这句诗文出自曹雪芹《红楼梦》第三回，用字十分古雅。像"蹙"字，解释如皱，有收缩或局促不安之意；而"蹙"字，还可以组词为哀蹙、蹙起。这恰似形容眉头似蹙非蹙的样貌。诗句描写极为妥帖，眉毛蹙得就像是挂在天边的那一抹轻烟，不浓不淡，而眼睛好似透着欢喜又透着哀愁，这是典型的含情脉脉的写照。至于"胃"（juàn），从"罒"从"肙"，"肙"为细小之意，与"罒"组合起来表示"小巧的网"。这自然是林黛玉眉眼神态的意象写照（图6-1、图6-2），后来也成为对女子娇态的经典描述。作为人的五官"配角"，眉毛在古代妆容中占据着重要位置，眉眼之间的顾盼生姿在无声之中透露出人的内心世界。古人对于女性眼妆的探究远不如眉妆，大多只是利用眉毛的装饰来反衬眼睛的细长罢了。故而古时又有句谚语"眉宇间的山水"形容眉妆。时至今日，人们依然会将"蛾眉""粉黛"作为美人的代称。可见，自古以来人们就比较讲究眉妆的造型。

图6-1　清代改琦《红楼梦图咏》中的林黛玉像　　图6-2　清代费丹旭《十二金钗图》中的林黛玉像

　　眉妆展现的是一个时代审美与流行的风向变化，更是直观呈现在妆容上的审美表征。可以说，眉妆的形与色几乎成了古时女子面妆的重要审美情志。据史料记载，画眉之风起于战国，最初随手可得，只需将柳枝烧焦后涂在眉毛上加重成色，即可成为一种妆扮。最早的画眉材料是"黛"——一种由黑色矿物生成的染色材料，亦称"石黛"。当然，古时的庶民女子用不起石黛，而是采用锅底黑和柳条炭黑来描眉。

　　随着石黛材料被日益细化使用，汉代开始出现不同于秦朝推崇的以重"德"轻"色"为核心的素雅妆容。女子对于眉形的尝试呈多样化发展，不仅流行长眉、八字眉、愁眉，还有一种根据眉色命名的"远山眉"，非常诗意化。《西京杂记》卷二中有记载："文君姣好，眉色如望远山，脸际常若芙蓉，肌肤柔滑如脂。"[1]西汉才女卓文君有着美丽的远山眉，看上去就如望向远山一样朦胧，妆容极富若有若无的情意，时人纷纷效之。所谓"远山眉"，是将眉毛画成有如山形的长弯形状，又呈现出淡淡一抹的样子，轮廓如远山一样浅淡。其实，早在先秦已有关于蛾眉的记载，如《列子·周穆公》中就有"施芳泽，正蛾眉"[2]之语，以蚕蛾触须细长而弯曲的样子，来比喻女子美丽的眉毛，"蛾眉"就此诞生。《诗经·卫风·硕人》中也有"螓首蛾眉，巧笑倩兮，美目盼兮"[3]之语，描写的是卫庄公夫人庄姜有着令人艳羡的蛾眉。到汉代时蛾眉依然流行，但越描越长，衍生出各种新的眉形。长眉就是其中的一种，又称"广眉"。"城中好广眉，四方且半额"[4]（《马廖引长安语》），即是对广眉的描述。汉代女子画的广眉长可入鬓，将眉毛延伸至半个额头，以至到东晋画家顾恺之的《女史箴图》（图6-3）、《洛神赋图》（图6-4）中，女子面容妆扮出现"细蛾眉"。这类眉妆其实都有着历史的呼应。

————————

[1]（晋）葛洪：《西京杂记》，北京：中华书局1985年版，第11页。
[2] 景中译注：《列子》，北京：中华书局2007年版，第81页。
[3] 王秀梅译注：《诗经》，北京：中华书局2016年版，第77页。
[4] 曹胜高、岳洋峰辑注：《汉乐府全集：汇校汇注汇评》，武汉：崇文书局2018年版，第250页。

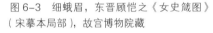

图 6-3　细蛾眉，东晋顾恺之《女史箴图》（宋摹本局部），故宫博物院藏

图 6-4　细蛾眉，东晋顾恺之《洛神赋图》（宋摹本局部），故宫博物院藏

蛾眉是流行最久的眉形，特别是在汉至晋，蛾眉、远山眉都是对美女眉妆的褒扬。

　　到隋唐，黛色划分出多个种类，有青黛、头黛、螺子黛和铜黛等色差等级的描眉材料。屈原在《楚辞·大招》中写道："粉白黛黑，施芳泽只。"[1]这里的"黛"，显然是专供贵族女子画眉用的深色颜料，常以石黛或青黛制成。"黛黑"指的是女子的眉妆，金代诗人元好问《赠莺》诗云"宫额画眉阔，黛黑抹金缕"[2]。唐代白居易《长恨歌》中的"回眸一笑百媚生，六宫粉黛无颜色"[3]，即用粉黛借指后宫嫔妃的容貌。唐代张祜也有诗云："虢国夫人承主恩，平明骑马入宫门。却嫌脂粉污颜色，淡扫蛾眉朝至尊。"[4]可见，

---

[1]　吴广平译注：《楚辞》，长沙：岳麓书社 2001 年版，第 245 页。

[2]　（金）元好问：《传世藏书·集成·别集 7 元好问集》，海口：海南国际新闻出版中心 1995 年版，第 16 页。

[3]　（清）彭定求等编：《全唐诗》，北京：中华书局 1960 年版，第 4818 页。

[4]　同上书，第 5843 页。

在虢国夫人的眼里，即便是素面朝天，也不能少了"蛾眉"的妆扮，在这里脂粉颜色相较于蛾眉成了一种"俗物"。难怪，自古至今"蛾眉""粉黛""黛娥"都是美女的代称。

　　唐代女子的眉妆十分讲究且有突出的表现。据史料记载，到唐玄宗时画眉形式已多种多样，流行的眉妆样式就达十余种之多，有桂叶眉、柳叶眉、蛾眉、鸳鸯眉、小山眉、五岳眉、三峰眉、垂珠眉、月棱眉（又名"却月眉"）、分梢眉、涵烟眉、拂云眉（又名"横烟眉"）、倒晕眉等。唐代元稹诗《有所教》云："莫画长眉画短眉，斜红伤竖莫伤垂。人人总解争时势，都大须看各自宜。"[1] 可见，不同于前朝所推崇的各种细长眉型，唐代女子开始追求创新的"短眉"样式。其实，关于蛾眉妆容的说法有两种：一为细长弯曲状的眉妆，一为状如飞蛾的眉妆，像桂叶眉。桂叶眉是盛唐末年开始流行的一种宽阔短小、如新生桂叶的眉形，看上去有些俏皮。对此，李贺《恼公》诗中有描写："注口樱桃小，添眉桂叶浓"[2]，唐朝美人形象跃然于眼前。桂叶眉确实是樱桃小口的绝佳搭配，周昉的《簪花仕女图》（图6-5）直接反映了宫廷女子的桂叶眉妆容。画中仕女的桂叶眉短阔，略呈倒八字形，眉尾散淡晕染，显然是对原生眉毛有所剔除的基础上完成的，十分娇憨可爱，充满生气。温庭筠在《菩萨蛮》中也写道："小山重叠金明灭，鬓云欲度香腮雪。懒起画蛾眉，弄妆梳洗迟。"[3] 由此可见蛾眉在后宫的普及程度。唐人画眉总是比前人要画得宽阔一些，如柳叶眉，也是一种眉腰较宽厚的眉妆，眉头尖细，眉型弧度呈柳叶状。自唐代风行以来，两稍尖尖、弯曲温柔的柳叶眉始终是时尚妆容，在贞观年间阎立本的《步辇图》（图6-6）中有比较清晰的描绘。

　　另外，唐代诗人陈子良在《新成安乐宫（一作新宫词）》组诗中写道：

---

[1]（清）彭定求等编：《全唐诗》，北京：中华书局1960年版，第4643页。

[2] 同上书，第4410页。

[3]（五代）赵崇祚辑，李一氓校：《花间集校》，北京：人民文学出版社1958年版，第1页。

图6-5　桂叶眉，唐代周昉《簪花仕女图》（局部），辽宁省博物馆藏

"春色照兰宫，秦女坐窗中。柳叶来眉上，桃花落脸红。"[1]可见，柳叶眉在文人心目中有着特殊的审美意义。而在唐代，无论是何种眉妆，都叫作"扫眉"，这一点非常有意思，"扫眉"即描画眉毛。唐代司空图《灯花之二》诗中写道："明朝斗草多应喜，剪得灯花自扫眉。"[2]白居易《妇人苦》诗曰："蝉鬓加意梳，蛾眉用心扫。几度晓妆成，君看不言好。"[3]温庭筠《南歌子》云："倭堕低梳髻，连娟细扫眉。"[4]当然，在唐代"扫眉"是有条件的，唯有才学女子，才可被称为"扫眉才子"。"扫眉才子知多少，管

[1]（清）彭定求等编：《全唐诗》，北京：中华书局1960年版，第496页。

[2] 同上书，第7265页。

[3] 同上书，第4820页。

[4]（五代）赵崇祚辑，李一氓校：《花间集校》，北京：人民文学出版社1958年版，第14页。

图 6-6   柳叶眉，唐代阎立本《步辇图》（局部），故宫博物院藏

领春风总不如。"[1]明程嘉燧《阊门访旧作》有云:"扫眉才子何由见,一讯桥边女校书。"[2]

古时还有一种眉妆,叫"螺子黛"。《隋遗录》卷上记载道:"吴绛仙善画长蛾眉……由是殿脚女争效为长蛾眉,司官吏日给螺子黛五斛,号为蛾绿螺子黛,出波斯国,每颗值十金。"[3]隋炀帝的妃子吴绛仙因擅长画眉而得宠,宫中女子竞相效仿,隋炀帝为了满足宫人画眉的需求,不惜加重征赋,专门从波斯运来螺子黛。这一度成为隋朝的时尚焦点,也深受隋唐时期贵族女性的喜爱。当然,这种由波斯进口的黛块价格不菲,每颗十金,只有贵族命妇才有机会使用,使用时只需蘸水即可画眉,描画的眉毛犹如高耸盘旋的青山,煞是好看。而"螺子黛"画法讲究,又是源于扬州。[4]

在妆容上,古代女性从来都是不遗余力地捕捉美。清宫热播剧《甄嬛传》中,皇帝对后宫的赏赐数不胜数,唯有螺子黛引发了妃嫔之间的明争暗斗。螺子黛自隋唐以来一直受到女性的喜爱,难怪《甄嬛传》中的华妃为了一斛螺子黛对甄嬛恨之入骨。此外,温庭筠诗中有"谢娘翠蛾愁不销"[5]（《河传·湖上》）,宋代晏几道形容眉妆,"晚来翠眉宫样,巧把远山学"[6]（《六幺令·绿阴春尽》）,诗中点到的"翠蛾"和"翠眉宫样"是指一种奇特的翠绿色眉妆。宋代高承《事物纪原》卷三中也有"秦始皇宫中,悉红妆翠眉,此妆之始也"[7]。常用的画眉材料有青黛、石墨和烟墨,后人推测石青或铜黛应该是制作翠色眉黛的主要矿物质原料。唐宋以降,眉妆丰富多样,无论是

---

[1]（清）彭定求等编:《全唐诗》,北京:中华书局1960年版,第7438页。
[2]（清）沈德潜编:《明诗别裁集》,长春:吉林出版集团股份有限公司2017年版,第242页。
[3]（唐）颜师古:《隋遗录》,北京:中华书局1991年版,第2页。
[4] 螺子黛描画前必须先将石黛放在石砚上磨碾,使之成为粉末,然后加水调和,再将眉笔在螺黛上轻轻蘸取,便可画眉。这种画眉法简单方便,深受古时女性的喜爱。螺子黛的使用,据说源于隋唐时的扬州,杜甫曾写有"商胡离别下扬州"的诗句,说明当时常有胡人、波斯人到扬州经商,将出产于波斯国的螺黛输入扬州。
[5]（五代）赵崇祚辑,李一氓校:《花间集校》,北京:人民文学出版社1958年版,第14页。
[6] 吕明涛、谷学彝编注:《宋词三百首》,北京:中华书局2010年版,第69—70页。
[7]（宋）高承撰,（明）李果订,金圆、许沛藻点校:《事物纪原》,北京:中华书局1989年版,第143页。

眉毛的颜色还是样式都远超前代。

　　归纳来说，在唐代之前，女性眉毛大多以细长为美，"秀骨清像"式的容貌受到推崇，而当丰腴成为衡量美女的标准之后，连眉妆的样式也从细长转为阔短，形如桂叶或蛾翅。唐朝诗人元稹提及的"莫画长眉画短眉"[1]就是明证，李贺也有"新桂如蛾眉"[2]这样的诗句。唐朝之后，眉色愈加丰富，不仅开始流行浓眉，还出现了不同颜色的眉妆。这体现了唐朝女子在妆容设计和创造上的自由度，无论是眉妆的位置还是眉妆的形态的变化，都给女子扮美提供了无限可能。在传世的唐代仕女画中可见"修眉"的风行，到了宋代更是出现了百日内眉妆无一重复的奇特现象。

---

[1]（清）彭定求等编：《全唐诗》，北京：中华书局 1960 年版，第 4643 页。

[2] 同上书，第 4421 页。

第七章

亵衣心衣

图7-1　清代明黄色绸绣荷兰蝶单套裤

关于内衣的记载，最早在《诗经》中就有出现，如《秦风·无衣》提到"岂曰无衣？与子同泽"，这个"泽"字，就是指内衣。古人对内衣的称谓有很多，较早还有"亵衣"一说，一个"亵"字，充满了轻薄的鄙视。可见，古人对内衣的心态是回避和隐晦的。不过，有了"亵衣"，总算是有了内衣穿着的概念。

在汉代以前，人们是没有内衣穿着习惯的，也可以说是没有内穿的衣服。直到汉代，人们接受了西域马背民族的衣着习惯，才逐渐穿上一种叫"胫衣"的护腿裤，这算是一种别样的内衣。所谓"胫衣"，类似于如今的长筒袜，只有两只裤腿而没有裤腰（图7-1）。那么，胫衣如何穿呢？穿的时候要用绳子将两只裤腿固定在腰部。所谓"裤"，其实只有两只裤管，目的是裹住腿以保暖，形制为"开裆"。因此，古时穿此种"胫衣"时，无论男女都要在外面套一件类似披挂的衣饰，而且是那种直接罩到脚面的长衫或衣裙。如此，"胫衣"也有劣势，古时人们穿时就自然形成一种习俗规约，除了过河，任何时候都不能提起下摆衣襟。另外，还有一种内衣由"裲裆"改制而来，是盛行于魏晋南北朝时期的背心式服装，其名称最早见于东汉刘熙的《释名》。其款式为用两根带子在肩部连接前后两片布帛，没有衣领，在腰间用一根带子束扎，可以穿在外衣内部，也可以外穿于外衣之外，主要用来护住心脏。

而在民间，它又被称为"心衣"，缘由大概如此。

"胫衣"和"裲裆"两者逐渐合并而形成内衣，解决了自古以来关于身体遮羞问题的困扰，也使得裙角坠地的轻纱薄裙能够成为宋代以降女性的首选装束。这种衣裙的裙脚几乎拖至地面，裙腰提高，酥胸半露，肩部和手肘处还常常用罗纱环绕。而在没有内衣的年代，比如春秋战国乃至秦汉时期，女装就只能是一种曲裾深衣（图7-2），即后片衣襟接长，形成一个三角形，先环绕到后背上，再绕穿到前面，在三角形的衽边的尖角处有一根细细的带子，带子在腰间接住，而后腰部缚以大带，将身体深深包裹。当然，曲裾深衣也确实美观，通体窄紧，

图 7-2.1　战国楚墓身着曲裾深衣的彩绘俑

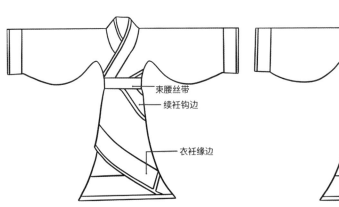

图 7-2.2　曲裾深衣正面线稿，刘丹手绘

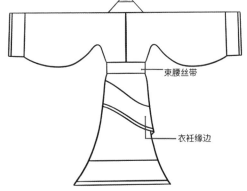

图 7-2.3　曲裾深衣背面线稿，刘丹手绘

长可曳地，很容易勾勒出女性的曼妙曲线、娉婷体态。据《史记·外戚世家》记载，汉武帝正是在平阳公主家见到这种装束的歌妓卫子夫[1]，之后才有"麻雀变凤凰"的传奇。试想，卫子夫该有怎样的魅力，才能消融她卑贱的出身，使堂堂一位帝王不去介意，力排众议立她为后。其中也许就有曲裾深衣的几分功劳。

由此可见，国人对内衣的认识大约是从汉代开始的。此时有了穿内衣的习惯，称内衣为"心衣"或"抱腹"。内衣样式也有讲究，上端结扣处不用系带，而是用"钩肩"及"裆"构成"心衣"。一般来讲，"心衣"前片能够遮蔽护住胸襟的全部，而后片也就是背部则袒露无遗。有意思的是，汉代内衣的衣料大多为平织绢，其上又有多种利用各色丝线绣出的纹饰图案，即一种类似"彩绣"的款式，用素色织料来做内衣的情况不多。

归纳来说，自汉代之后各个历史时期的内衣形制发生了许多变化。例如，魏晋时期的内衣非常厚实，前后两片，挡胸又挡背，而且是双层，因为魏国地处北方，寒风刺骨，内衣能够起到保暖的作用。又如，唐代出现的"祠子"，是一种无肩带、侧开合的内衣形式。唐代女性偏爱半露胸的衣裙，将裙腰提到胸前，在胸下系上一根带子，外面配上一件透明的纱衣，内衣若隐若现，因而制作内衣的材料非常考究，色彩也是重要的考虑因素。受到胡人的影响，这类内衣甚至出现外穿的情况。为了适应这样的衣裙穿戴，唐代女性的内衣去掉了肩带设计。再如，宋朝称内衣为"抹胸"，是女性的贴身衣物。这种内衣"上可覆乳，下可遮肚"，胸部、腹部都能够被遮挡，因此也叫"抹肚"，用扣子抑或是带子系在一起。普通百姓的内衣大多数是用棉布制作，而豪门贵族则采用丝质内衣，辅以刺绣花卉，款式丰富多样。"抹胸"在许多宋代墓葬中都有实物出土，如在江苏南京高淳花山宋墓中一次发现有六件"抹胸"衣饰。由于有了内衣的配备，宋代女性不但穿下裳大裙，

---

[1]〔西汉〕司马迁著，甘宏伟、江俊伟注：《史记：评注本》，武汉：崇文书局 2010 年版，第 322 页。

而且穿起敞胸的直裾深衣，外衣款式也随之增加。

再往后，像元代称内衣为"合欢襟"。这种内衣比较开放，从其名称中亦可以察觉。合欢襟前面是一排盘花扣，背后是两根交叉相连的固定带子，穿的时候由后向前，将胸前的扣子或绳子系起来。合欢襟的材质常用织锦，图案四方连续样式为多。这种形制内衣一直延续到明代，改名为"主腰"，说明

图 7-3　清代"抹胸"

这种内衣更注重展示女性的曲线美。主腰的款式与背心比较接近，开襟，两襟分别缀着三条襟带；肩部有裆，而裆上也有带子。此外，腰的两边还有系带，以便收紧所有的襟带，展示出腰部曲线。清代又重叫这种内衣为"抹胸"，也称"肚兜"，一般做成菱形的（图 7-3）。抹胸的上部带子用于套在颈部上，腰部有两根带子系在背后，下摆是一个三角形，一直盖过肚脐，连带着小腹也能被遮住。其材质主要采用棉和丝绸。抹胸的带子并不仅仅有绳子，大富大贵的人家用金链，中等家庭爱用银链、铜链，家境一般的则用红色丝绢。常见"肚兜"为红色，上面还有各种刺绣，十分精美。

进入近代，女性穿"小马甲"成为时尚，吸收了西方女性内衣的某些特点，诸如出现胸罩。内衣的款式多种多样，常以棉和丝为主要面料。在当前飞速发展的社会环境下，人们更多地追求个性，因此女性内衣的发展也更加多元。正是由于女性对内衣款式较为关注，才使其呈现出丰富的形态。

　　总体来说，内衣不但作为私密性极强的衣饰穿着有所讲究，而且其特有的文化内涵和审美意识也随着历史的发展而逐步走向成熟，在逐渐演变的过程中不断满足生活所需而有所改进，并接受外来族群对内衣的审美诉求，最终形成了柔和、宽松、简洁又能起到束身作用的优美样式。古代内衣还非常注重款式的微妙变化，增加了许多裁剪上的线条分割和造型变化，丰富了内衣的尺寸和结构，加之精工细作和精美纹饰，成为既实用又美观的重要服饰。

第八章

熏衣之香

　　衣衫之上自带香气，随风而动，随身传香。据文献记载，为了能够让香气随身散发出来，古人会采取多种方法，诸如在腰间佩戴香囊、以香熏衣或洗衣之时用香浸染，效果最为显著的自然还是熏衣。

　　所谓"熏衣"，是指选用燃香料熏衣的打理方式，古时多采用燃香炉或熏笼等。有关"熏衣"的最早香方记载，是东晋葛洪在《肘后备急方》中提及的"六味熏衣香方"[1]，分别是沉香、麝香、苏合香、白胶香、丁香和藿香。后世沿之并推广，熏衣成为古人十分讲究的一种生活方式。如宋人李昉、李穆、徐铉等奉敕编纂的类书《太平御览·服用五·香炉》引《襄阳记》，东汉末年政治家"荀令君至人家，坐处三日香"[2]。南朝梁简文帝五言古体诗《拟沈隐侯夜夜曲》中有曰："兰膏尽更益，薰炉灭复香。"[3]宋代洪刍《香谱》言："凡熏衣以沸汤一大瓯，置熏衣笼下，以所熏衣覆之，令润气通彻，贵香入衣难散也，然后于汤炉中，燃香饼子一枚，以灰盖……常令烟得所。熏讫叠衣，隔宿衣之，数日不散。"[4]唐代诗人元稹《白衣裳》吟诵道："藕丝衫子柳花裙，空著沉香慢火熏。"[5]这些都描写了选用各种香料熏衣的方式。

　　古人除了采用名贵沉香熏衣外，还利用各种专门配制的香料作为熏衣香。唐代王建在《宫词》中写道："雨入珠帘满殿凉，避风新出玉盆汤。内人恐要秋衣着，不住熏笼换好香。"[6]这种对宫人为宫妃熏衣的情境描写，是何等温馨而又真实。据说，王建习惯打听宫中一些琐事，以此为素材赋作七言绝句，如此将宫中禁地的种种生活琐事写出，很快作为宫廷秘闻广为传播。他的宫词不假托古事，而是直截了当地表现后宫生活，可谓内容丰富。

［1］（晋）葛洪撰，汪剑、邹运国、罗思航整理：《肘后备急方》，北京：中国中医药出版社2016年版，第149页。

［2］（宋）李昉编纂，任明、朱瑞平、聂鸿音校点：《太平御览》（第6卷），石家庄：河北教育出版社1994年版，第515页。

［3］（宋）郭茂倩：《乐府诗集》，北京：中华书局1979年版，第1070页。

［4］金沛霖主编：《四库全书·子部精要》（中），天津：天津古籍出版社、北京：中国世界语出版社1998年版，第483页。

［5］（清）彭定求等编：《全唐诗》，北京：中华书局1960年版，第4641页。

［6］同上书，第3445页。

有趣的是，在王建诗词中有许多宫中使用的香品得以显露。这些熏衣香的制作秘方本不外传，但有许多细心之人搜集整理，求证之余，著书立说。诸如，唐代医书《备急千金要方》《千金翼方》《外台秘要》中都记载了熏衣香的方式或方法，其中有许多就是唐代宫廷曾经使用的熏衣香方。

唐代医药家孙思邈在《千金翼方》中记载了熏衣香方："薰陆香（八两），藿香、览探（各三两，一方无），甲香（二两），詹糖（五两），青桂皮（五两），上六味末，前件干香中，先取硬者粘湿难碎者，各别捣，或细切咬咀，使如黍粟，然后一一薄布于盘上，自余别捣，亦别布于其上，有须筛下者，以纱，不得木，细别煎蜜，就盘上以手搜搦令匀，然后捣之，燥湿必须调适，不得过度，太燥则难丸，太湿则难烧，湿则香气不发，燥则烟多，烟多则惟有焦臭，无复芬芳，是故香，复须粗细燥湿合度，蜜与香相称，火又须微，使香与绿烟而共尽。"[1]孙思邈非常详细地记载了制作熏衣香的几种配方，并且对其关键环节有所提示。比如捣香，"先取硬者粘湿难碎者，各别捣，或细切咬咀，使如黍粟，然后一一薄布于盘上，自余别捣"。捣香时需要注意不同香料的特性，观察香料的软硬干湿，分别加以捣碎。又比如调香，则需注意"太燥则难丸，太湿则难烧，湿则香气不发，燥则烟多，烟多则惟有焦臭，无复芬芳"。因而，调香的重点在于炼蜜与香料的配比相称，燥湿适中。如果太干燥，则难以制作成香丸，燃烧时也会产生太多焦臭烟气；但是太过潮湿，香丸又难以燃烧，也不易散发香气。由此可知，熏衣香在发烟、燥湿等方面是极其讲究的。

宋代洪刍在《香谱》卷下"薰香法"中记载熏衣时，认为用香灰或银叶隔火取香最妙：

凡薰衣，以沸汤一大瓯置薰笼下，以所薰衣覆之，令润气通

[1]（唐）孙思邈著，李景荣等校释：《千金翼方校释》，北京：人民卫生出版社1998年版，第93页。

彻，贵香入衣难散也。然后于汤炉中烧香饼子一枚，以灰盖或用薄银碟子尤妙，置香在上薰之，常令烟得所。薰讫，叠衣，隔宿衣之，数日不散。[1]

　　可见，宋代熏衣在日常生活中已非常普遍，无论是男性还是女性都会将衣服熏香当作必备之事。陆游就是个有熏衣癖好的人，他在诗词《四月晦日小雨》中写道："风生团扇清无暑，衣覆熏笼润有香。"[2]南宋豪放派词人辛弃疾在《青玉案·元夕》里也写道："蛾儿雪柳黄金缕，笑语盈盈暗香去。"[3]上元佳节，女子盛装出席灯会，笑语盈盈，衣带飘香，使路过的人都不免心驰神往。

　　除了熏衣香方，古时的熏衣器具也值得关注，诸如熏笼。《红楼梦》中有记载，宝玉去探望身体不适的宝姐姐，在里屋的暖阁中闻到一阵阵凉森森、甜丝丝的幽香，不知是何香气，遂问姐姐平时熏的什么香。宝钗却笑道："我最怕熏香，好好的衣服，熏的烟燎火气的。"[4]这里的"烟燎火气"便是一种熏香方式。熏笼是古时熏衣常用的工具，其名称在典籍记载中不一。比如，先秦两汉时称"篝""箸""篮"，两晋时期叫"熏笼"，明清时期吴人又称"烘篮"。熏笼就是用竹子编织的可以罩起来的器具，放置炭火，燃烧香料，用来熏衣。

　　出土实物的代表，则是湖北荆州包山楚墓中的一件竹笼，高17.3厘米，直径15.2厘米，形若鼓墩，细竹篾编作六角形的空花，出土时笼外尚存纱的痕迹。另外，湖南长沙马王堆一号汉墓也出土了熏炉（图8-1）和两件一大一小的熏笼（图8-2），被放置在主人生活用品和起居用具的北边箱子里，

[1]（宋）洪刍等著，赵树鹏点校：《香谱：外一种》，杭州：浙江人民美术出版社2016年版，第48页。
[2] 张春林编：《陆游全集》（上），北京：中国文史出版社1999年版，第476页。
[3] 吕明涛、谷学彝编注：《宋词三百首》，北京：中华书局2009年版，第210页。
[4]（清）曹雪芹、高鹗：《红楼梦》，北京：金城出版社1998年版，第42页。

图 8-1　彩绘陶熏炉，湖南长沙马王堆汉墓出土

竹笼上面敷以细绢。河北满城汉墓出土了炉、罩合一的铜制熏笼，炉高 84
厘米，炉的一边有长长的手柄，上面有镂空的盖子以及搭配炉来用的罩笼，
高度约为 26.6 厘米，上面安了一个提手。这种熏笼也能做香篮用，既可随
身提携使用又可摆放鉴赏。

　　瓷熏笼大约是隋唐时期出现的熏香物件，陕西长安隋丰宁公主与韦圆照
合葬墓中出土有一件（图 8-3），高 21.5 厘米，形若马王堆汉墓一号墓中出
土的竹熏笼，绿釉、小口、平底，上有镂作花叶的一对圆孔和相对的两组直
棂窗式条形孔。相关的考古报告记述："该熏炉出土时，其腹内积存的香木
灰逾 10 厘米厚，团结成块，灰白色，手捏之立成粉屑状，微有香气。" [1] 唐
代的熏笼大多属于这个形制，至宋代以后瓷熏笼便不再流行，竹制熏笼又再

---

[1]　杨洁、杜文、张彦:《隋唐笼形镂雕熏炉考略——兼为一件西安碑林馆藏石刻正名》,《文博》2010 年第
5 期，第 37 页。

图 8-2　竹熏笼，湖南
长沙马王堆汉墓出土

图 8-3　绿釉瓷熏炉，
陕西长安隋丰宁公主
与韦圆照合葬墓出土

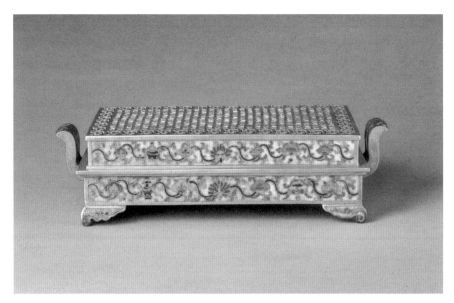

图 8-4　明代万历款掐丝珐琅八宝纹长方炉，故宫博物院藏

次流行。明清时期还有一种状如短榻的熏笼，可坐可卧，使用时需要两人抬放。故宫博物院藏有一件明掐丝珐琅八宝纹长方炉（图 8-4），高 8.1 厘米，长 26.8 厘米，宽 14.4 厘米，两端各有一个冲天耳，下边是云头足，上面有镂空的盖，周边饰有"卍"字，中间为绣球锦纹，底部有"大明万历年造"楷书款。

再看明代陈洪绶所绘《斜倚熏笼图》（图 8-5），取自白居易《后宫词》的诗意："泪湿罗巾梦不成，夜深前殿按歌声。红颜未老恩先断，斜倚熏笼坐到明。"[1] 画中一笼子罩在一款熏香小鸭上面，然后将衣服搭在上面熏烘。扬之水在《香识》一书中提及，这种鸭形熏炉又名"香鸭"，唐宋时期已有，在明代的版画中可见，常放置在闺阁中的案几上。[2] 宋代词人秦观《木兰花》

［1］　（清）彭定求等编：《全唐诗》，北京：中华书局 1960 年版，第 4930 页。
［2］　扬之水：《香识》，桂林：广西师范大学出版社 2011 年版，第 73—79 页。

图 8-5　明代陈洪绶
《斜倚熏笼图》（局部），
上海博物馆藏

中的这句"红袖时笼金鸭暖"[1]似乎也可佐证鸭形熏炉用来熏衣的说法。

　　熏香在我国有着悠久的历史和广泛的用途，熏燃、悬佩、涂敷甚至饮用都是熏香生活的种种写照。历代王公贵族、文人墨客对熏香更是十分讲究并竭力推崇，熏香是雅致生活的开启，是颐养性情、启迪才思的妙物。他们在日常生活中常与熏香为伴，并将其作为"礼"尚往来的一种表达方式，也因此，熏香成为古代宫廷和贵族雅居文化的重要组成部分。

---

[1]　石海光编著：《秦观词全集》，武汉：崇文书局 2015 年版，第 51 页。

第九章

袭裙摇曳

进入隋唐，女子穿着盛行上襦下裙，一件短衣，一条长裙，再披上帛巾，这便是热播剧《长安十二时辰》中的唐女衣着。当然，唐女的华服扮饰除了这些，还有高耸复杂的头饰，以及性感的袒裙袒胸装。那么，在唐人世俗语境里，究竟如何称呼这类衣物呢？

我们在影视剧中所见到的"襦裙"，只是一个笼而统之的概念。其实，"襦裙"是指"襦裙服"，即上穿短襦或衫、下着长裙、佩披帛、加半臂（短袖）的传统装束。唐女襦裙装受到外来服饰的影响，取其神而融中原服饰结构。若细分，还有高腰襦裙、披帛襦裙等套装。通过考古实证，我们可以得到相应的认识。例如，在 1964 年新疆吐鲁番阿斯塔那 29 号墓出土的《唐咸亨三年新妇为阿公录在生功德疏》文书中，记载了"墨绿绸绫裙一腰、紫黄罗间陌腹一腰、绯罗帔子一领、紫绸绫袄子一锦褾、五色绣鞋一量、墨绿绸绫袜一量锦靿、紫绫夹裙一腰、绿绫夹帔子二领、肉色绫夹衫子一领等"[1]冬夏衣物。这些衣物虽然包括新妇为阿公布施的女服，但也可见唐代日常女装的基本形制，即衫、裙、帔，以及短袖背子、陌腹和鞋袜等服饰。此外，在《旧唐书·来子珣传》中也有对唐女服饰的描述："常衣锦半臂，言笑自若，朝士诮之。"[2]有意思的是，这种加罩于襦袄之外的半臂在盛唐十分风靡，虽属于女装，但具有风雅趣味的男子也喜欢穿，比如上述提及的来子珣。这类半臂装束在唐代永泰公主墓室壁画《宫女图》（图 9-1）中亦可见证，宫女着开领短衫、披帛、半臂与长裙，袒露着胸前的肌肤美色。唐女束胸与长裙的袒露服饰仅在宫廷、闺房等场合穿，并不是在任何场合都这样穿着。《新唐书·车服志》中记载道："半袖裙襦者，东宫女史常供奉之服也。"[3]《新唐书·五行志》也有记载佐证："高宗尝内宴，太平公主紫衫、玉带、皂罗

[1]　国家文物局古文献研究室、新疆维吾尔自治区博物馆、武汉大学历史系编：《吐鲁番出土文书》（第 7 册），北京：文物出版社 1986 年版，第 70—71 页。
[2]　（后晋）刘昫等：《旧唐书》，北京：中华书局 1975 年版，第 4847 页。
[3]　（宋）欧阳修、宋祁：《新唐书》，北京：中华书局 1975 年版，第 523 页。

图9-1　唐代永泰公主墓室壁画《宫女图》（局部）

折上巾，具纷砺七事，歌舞于帝前。"[1]

从审美角度来看，唐女襦裙的衣着风尚代表着丰腴健康之美。唐女襦裙常见款式为高腰或束胸，下摆宽大多褶，贴臀齐地，呈圆弧形。上襦下裙的穿着样式，更是体现出女性身体曲线的丰腴之美。据《簪花仕女图》（图9-2）、《虢国夫人游春图》（图9-3）等画作以及其他一些历史文献，可见裙装在唐女服饰中的地位。襦裙有多种款式，唐初较为流行交领襦裙、半臂配襦

[1]（宋）欧阳修、宋祁：《新唐书》，北京：中华书局1975年版，第878页。

图 9-2　唐代周昉《簪花仕女图》，辽宁省博物馆藏

图 9-3　唐代张萱《虢国夫人游春图》（宋摹本），辽宁省博物馆藏

裙。这种半臂亦称"半袖"，属于女性的短袖上衣。初唐时期多承隋制，紧身窄袖较为流行，衣领多为交领对襟或者圆领，长度大概到腰部，袖长不超过手肘。

盛唐襦裙分为单襦和复襦，单襦没有夹里，复襦有夹里，厚度与袄相似，逐渐摒弃窄袖紧身，衣袖追求宽大华丽，并出现了对襟襦裙（又称"直领襦裙"）。这类襦裙衣襟呈对称状，是一种典型的符合命妇等贵族女性穿着要求的裙式，且裙摆转向阔大拖沓。裙的款式主要为四幅缝合，下摆宽且垂至地面，不施边缘，裙腰以两头有系带的绢条束之。汉晋细长的披子演变成与襦裙相配的披肩，后来又逐渐变成披在双臂上于身体前后舞动的飘带。

具体言之，唐女裙装常采用丝织材料，包括绸、罗、纱等，裙腰提至胸部。这一时期裙子的颜色多选择深红、月青、绛紫、草绿等，明艳动人。其中，最为流行的要数石榴红裙，这也是最有代表性的唐女裙装。它的形状并不似石榴花，其染料是用石榴花炼染出来的，以色彩取胜，鲜明夺目。此外，茜裙的色彩也十分艳丽，是用茜草做染料制成的。年轻女性对茜裙爱不释手，如唐代诗人李群玉在《黄陵庙》中写道："黄陵庙前莎草春，黄陵女儿茜裙新。"[1] 李商隐《无题》诗中有这样的句子："八岁偷照镜，长眉已能画。十岁去踏青，芙蓉作裙衩。"[2] 足见当时女性喜着颜色鲜亮的裙装。此外，唐女裙装也常采用绿色、翠色，例如碧裙、翠裙、柳花裙等。翡翠裙因色泽像翡翠一般而得名，翠裙则是得名于其色泽如翠羽。唐代诗人戎昱《送零陵妓》诗中写道："宝钿香蛾翡翠裙，装成掩泣欲行云。"[3] 大诗人杜甫也有"蔓草见罗裙"[4]（《琴台》），王昌龄有"荷叶罗裙一色裁"[5]（《采莲曲》），这些皆为描写绿裙的诗句。我们可以想见这样的画面，绿裙少女缓缓走来，

---

［1］（清）彭定求等编：《全唐诗》，北京：中华书局 1960 年版，第 6610 页。

［2］同上书，第 6165 页。

［3］同上书，第 3022 页。

［4］同上书，第 2442 页。

［5］同上书，第 1444 页。

身姿曼妙，美得如诗如画。唐代女子的裙色多种多样，让人目不暇接，眼花缭乱。我国织绣史上不得不提的名作——中宗女儿安乐公主的百鸟裙，还有武则天时期裙四角各缀三铃的响铃裙，再搭配短襦和披肩，将盛唐时期女子的丰腴之美体现得淋漓尽致。

到中唐，大衫配襦裙的样式开始出现，可谓是承接盛唐裙装而又有发展。这种襦裙的上半身是一件短上衣，长度到腰节，并且连接着长裙。还有短襦长裙的穿着样式，上半身的领口较大，裙腰高至腰部以上，甚至有时系在腋下，给人以亭亭玉立之感，也体现了女性的丰腴之美。但这类束胸裙在唐代是有穿着规矩的，只有身份达到一定等级或是从事特殊职业的女子，且必须成年才能穿。例如，前面提及的永泰公主墓室壁画中，永泰公主穿的半裸胸襦裙即是特定场合的"礼服"，是为彰显其权势与尊贵而穿着的。歌女穿此类裙装则是用来取悦观者而谋生存，平民百姓家的女子是不允许穿的。有一种说法认为唐女束胸长裙类似于西方中古时期上流社会出现的晚礼服，不同的是，唐女束胸长裙是不准露出肩膀和后背的，相对来说还是有传统规约束缚的。

中唐以后，多幅裙逐渐流行，且样式较之初唐更为肥大、冗长。以五幅丝帛制作的裙装较为常见，也有六幅、七幅、八幅，甚至十二幅的。诗人李群玉将"六幅罗裙"比作"裙拖六幅湘江水"[1]，曹唐在《小游仙诗》中云"书破明霞八幅裙"[2]。唐代布帛幅宽制度是一尺八寸，一尺的长度约合 0.29 米，那么六幅裙的周长也就是约 3.13 米，八幅裙的周长则可以达到将近 4.18 米。裙摆如此宽大使步行变得极为不便，而且所用材料也非常多，孟浩然《春情》中有"坐时衣带萦纤草，行即裙裾扫落梅"[3]，似有嘲讽之意。后来，朝廷意识到这种形制的问题，开始控制女性裙装的尺寸，以此抑制奢靡无度

[1] （清）彭定求等编：《全唐诗》，北京：中华书局 1960 年版，第 6602 页。
[2] 同上书，第 7351 页。
[3] 同上书，第 1658 页。

的社会风气。《旧唐书·文宗本纪》记载了这样一个故事：开成四年（839）正月，唐文宗于咸泰殿看灯，当时延安公主穿了一件十分宽大的衣裙走过来，文宗看到后非常生气，立刻下令让她退下，并且罚了驸马两个月的俸禄。[1] 从中可以得知，多幅裙在唐代确实是非常流行的，朝廷也开始对女性裙装进行管制。襦裙起源于唐代，也在唐代发展至兴盛，风格变化多端，纹饰绚丽多姿。到了元明两代，襦裙渐渐退出时尚舞台，不再是流行的服饰了。

---

[1]（后晋）刘昫等：《旧唐书》，北京：中华书局 1975 年版，第 576 页。

第十章

诗韵华服

唐诗中关于衣饰的描写，不仅诗句数量不胜枚举，更有美到极致的形色描绘，犹如艺苑盛开的一簇簇奇葩。唐诗中的华服是我们研究中国服装史的珍贵资料，从中可以见识到唐女衣饰的精工细作，领略到大唐服饰雍容华贵的景象。

"云想衣裳花想容，春风拂槛露华浓。"[1]（《清平调其一》）这是李白在长安供奉翰林时写下的著名诗句。此诗句把贵妃杨玉环比作牡丹，歌咏其美艳，更将贵妃的衣饰比作云霞，容貌比作花朵，塑造出贵妃天生丽质、性格婉顺、体态丰润、华服着身的形象。从诗文审美角度来看，在前一句中诗人颇为巧妙地以"想"字牵连而出富有张力的表达，这种拟人、夸张与想象融为一体的"诗艺"与"诗韵"表达，可谓是唐诗意象的绝佳描写。诗人在后一句中将贵妃服饰写成如霓裳羽衣般的"华浓"，又以风露暗喻恩泽无限，而使花容人面倍见精神。同时，诗人将贵妃比作天女下凡，不露痕迹的表达引人无限遐想。而从服饰审美角度来看，李白诗作又具有诗文与图像互义的效果，完美地勾画出贵妃那如天边云彩般美丽的衣裳和娇嫩如花儿的容颜。据此，我们可以想见诗中所塑造的女性形象有着独具特色的风姿，衣饰与妆容也是最美的。

唐诗"裙拖六幅湘江水"[2]（李群玉《同郑相并歌姬小饮戏赠／杜丞相悰筵中赠美人》），将大唐诗学的主流价值观——崇尚浓丽丰肥之美——表现得淋漓尽致。"尚丰肥"让女性显得更加健硕而丰满（图10-1），因而裙裳面幅才得以一再放开，六幅、八幅，乃至十二幅，几乎像一个灯笼的外形，这样的美人才称得上"绝代有佳人，幽居在空谷"[3]（杜甫《佳人》）。自然，能配得上美人穿着的衣饰是大有讲究的。诸如"国色朝酣酒，天香夜染衣"[4]

---

［1］（清）彭定求等编：《全唐诗》，北京：中华书局1960年版，第391页。

［2］同上书，第6602页。

［3］同上书，第2287页。

［4］林之满主编：《中华典故》，北京：中国戏剧出版社2002年版，第1432—1433页。

（李正封《牡丹诗》），唐代诗人李正封采用借题发挥的手法吟咏牡丹，用含蓄、委婉的修辞写出了唐女服饰获得"朝野通赏"的秘诀。的确，牡丹有着动人的颜色和花香，与美女相配。唐代诗人于良史《春山夜月》中的"弄花香满衣"[1]，可与"天香夜染衣"形成对偶佳句。"染"与"弄"二字妙如点睛，由此诗句对牡丹的描述更加细腻和生动。《旧唐书·舆服志》里有一段文字可为佐证，"风俗奢靡，不依格令，绮罗锦绣，随所好尚"，"上自宫掖，下至匹庶，递相仿效，贵贱无别"。唐诗绘声绘色地描绘出女性及其服饰之美，让人们对唐代衣饰审美有了一定的历史认知。唐代吸收并借鉴了异域文化，将其与中原文化相融合，转化为唐代服饰审美的基础。唐代包罗万象、形色各异的女性服饰正是文化大交融的产物，如图 10-2、图 10-3 中的发髻和服饰便是如此。

图 10-1　唐三彩梳妆女坐俑

　　那么，唐诗究竟是如何取得"云想衣裳花想容"的表达效果的呢？又是如何将女性衣饰与妆容如此生动形象地体现出来的呢？归纳来说，有两点值得关注：

---

[1]（清）彭定求等编：《全唐诗》，北京：中华书局 1960 年版，第 3118 页。

图 10-2　唐代彩绘双环望仙髻舞女俑　　　图 10-3　唐代彩绘釉陶乐舞女俑（局部）

　　第一，唐诗创作思路和题材多样且广泛，唐诗中的女性能够以更加多元的姿态呈现出来。例如，诗作大量描绘各阶层女性服饰，既有宫女的金贵衣衫，又有歌姬舞女的花钿锦衣，还有风尘女子的独特衣饰。然而，只有这些还远远不够，唐诗又将视野拓宽，关注"布裙犹是嫁时衣"（葛鸦儿《怀良人》）的民女衣着，同时兼顾胡音、胡骑与胡妆（元稹《和李校书新题乐府十二首·法曲》）的异域女性服饰。这种大跨度、多视角的诗句，一方面构成对唐代女性衣饰与妆容整体形象的全面审视，另一方面也细化了对唐代女性衣饰与妆容的描写。诗人通过对女性服饰或详细、或简略的描写，从多个视角对唐代女性形象进行了诠释，生动体现出诗人善于从生活中女性的一举一动来捕捉她们的内心情感变化，同时也间接展现出当时女性的服饰风尚。例如，以闺怨、宫怨为主题的诗，在借少妇闺阁梳妆展现其独守空闺的寂寥时，也为我们了解唐代女性的梳妆程序和特色提供了依据。如此种种，无不体现出诗人对女性生活及其服饰的深入了解。身着金贵衣衫的供养人、仔细梳妆的舞女、独倚栏杆的少妇，诗人笔下的每一个形象都在向人们诉说着她们的故事。此外，诗人也在诗句中增加自己的想象，不仅仅描写唐朝现实生活中的女性服饰，而且描绘他们心中的女性服饰。例如对裙装的描述，不仅有直白表现材质的"布裙""练裙"，更有表现美感的"轻裙"。由此可见唐代诗人笔力之高。

第二，唐代女性的审美意趣在唐诗中表现得淋漓尽致。比如，诗句中呈现出女性对服饰样式的偏好，突出表现了当时人对华美精致的装饰美的需求。当然，这些诗文体现的更多是诗人们的审美喜好。不过，唐女服饰无论是款式还是妆饰，都特色鲜明，那就是突出舒适与实用性。唐女衣裙在风格上经历了从窄小到宽松肥大的演变过程，其中既有社会审美思潮趋于舒适性的影响，又有衣饰裁剪及对装扮适应性的需求。唐代女性服饰既展现了服饰设计中的装饰美，又凸显出女性的形体美，且对从头到脚的服饰，如发饰、披帛、鞋履的整体造型都追求繁复细致（图10-4），甚至服饰色彩及图案都表现出一种华丽复杂而又更加写实的风格。这是唐朝自由繁盛的时代境况以及多元文化影响的结果。

总而言之，唐代是一个包容并蓄的时代，其繁盛与自由体现在当时人们生活的点点滴滴中。唐代诗歌向读者描述了当时人们的生活，更展现了文人

图 10-4　敦煌莫高窟盛唐第 130 窟甬道南壁都督夫人供养像，段文杰临摹

墨客的思想观念。诗人们用细腻的笔触描写当时的女性形象，描写她们的装扮和妆容，以此抒发自己的思绪。无心插柳柳成荫，诗人们向读者描绘了他们心中的大唐女性形象，也间接展现了那个时代女性的风采。

第十一章

大袖霞帔

　　不同于唐代女性以丰腴为美，宋代女性追崇清逸纤纤，甚而为迎合世俗的审美意趣，还刻意将自己弄成瘦削骨感而略带一丝闺怨之貌。如同李清照在《点绛唇·蹴罢秋千》中描写的那样，"蹴罢秋千，起来慵整纤纤手。露浓花瘦，薄汗轻衣透。见客入来，袜刬金钗溜。和羞走，倚门回首，却把青梅嗅"。宋代女性恰如荡着秋千的曼妙女子，罗衣轻扬，这般娇憨便与"露浓花瘦"的"轻衣透"相拥紧承。的确，宋代女性衣饰在自我形象装扮中发挥着重要作用。那般清逸之气的瘦削窈窕，显露出宋代女性特有的柔弱和纤巧身姿。

　　宋代女性继承五代遗风，喜欢穿大袖衫子，即大袖衣，又称"广袖袍"。大袖在宋代原本是后宫嫔妃的常服款式，得名于其袖子宽大及膝，后来传到民间，成为贵族女子的礼服。其基本样式为对襟、宽袖，衣长及膝，衣领和

图 11-1　褐色罗镶广袖袍，福建福州南宋黄昇墓出土

衣襟都镶有花边，女性中只有命妇们才有资格穿。可以说，宋代女性礼服中除了"三翟"（袆衣、揄翟、阙翟）外，最重要的服饰之一就是大袖。大袖属于外套，又称"五层外衣"，内穿有四层衣物。《朱子家礼》中记载当时女性短衫宽大，其长至膝，袖长一尺二寸。《宋史·舆服志》中也写道："其常服，后妃大袖。"虽然在宋代后期，大袖不仅限于宫廷衣着，但也只有贵族女性方能穿。在福建福州南宋黄昇墓中出

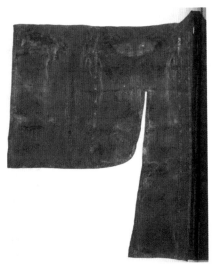

图 11-2　绣花霞帔局部，福建福州南宋黄昇墓出土

土的一件完整的大袖为褐色罗镶广袖袍（图 11-1），约长 1.2 米，袖口用彩绘印金花边装饰。袖宽达 0.69 米，需用两幅布拼接。设计者在袖子中间用与袖口一样的彩绘印金花边巧妙地遮住接缝，使其与袖口、腋下及下摆的花边相呼应，这就是"金缕缝"（图 11-2）。李清照在《蝶恋花》（暖日晴风初破冻）中也曾提及"金缕缝"："酒意诗情谁与共？泪融残粉花钿重。乍试夹衫金缕缝，山枕斜欹，枕损钗头凤。"

与大袖相配的另一件女服是霞帔，此服符合宋代女性以瘦为美的穿着时尚，不但上衣是窄袖交领，而且下裙也非常细长。霞帔极为讲究色泽装饰，颜色淡雅恬静，多呈拘谨保守之色相。但霞帔作为身份的标志，和大袖一样，在宋代乃是命妇才可以披用的特殊服饰，平民女子不得私自穿用。说到霞帔的穿着，《宋史·舆服志》记载道："其常服，后妃大袖，生色领，长裙，霞帔，玉坠子。"[1] 在北宋后期以至南宋年间，霞帔款式又有大的变化，在服

---

[1]　（元）脱脱等：《宋史》，北京：中华书局 2000 年版，第 2365 页。

图 11-3　宋代霞帔装束，福建福州南宋黄昇墓出土

饰细节方面大放异彩。考古材料也印证了这一点，如福建福州黄昇墓、江西德安周氏墓等地出土的大袖和霞帔物件。尤其是黄昇墓中的两条霞帔均保存完好，质地为素罗地单面绣花。其中一条佩于墓主人身上，形制为双带，一端相连成"V"形，带中部内侧用小丝带缀连，样式极为优美（图 11-3）。霞帔长 2.13 米，宽 6.2 厘米，正面由 18 种鲜花刺绣组合成两行花纹，绣工精致。霞帔是宋代开始出现的女服样式，其前身是唐代的披帛。宋代将前朝女性广泛使用的披帛结合时代审美需求，发展成为霞帔。关于"霞帔"名称

的来源，一般认为其色彩艳丽，犹如霓虹彩霞，所以美其名曰"霞帔"。霞帔不再像前代披帛那样轻飘，帔的下端系扁圆形浮雕双凤金饰坠或者玉坠子装饰，这使得霞帔披在身上不会随风任意飘荡，更显端庄之美。霞帔与披帛相比，其样式也有所改进，将一层的披帛分成上下两层，显露在外的上层有华丽精致的纹样。霞帔的穿戴方法与披帛相似，将其在领口自领后绕至胸前。

霞帔穿着在宋代影响很大，北方民族地区也有使用霞帔的记载。如《金史·舆服志》中记载道："又五品以上官母、妻，许披霞帔。"[1]从历史发展来看，明代的霞帔与宋代的霞帔可谓一脉相承，在很多细节上都如出一辙。如清代陈元龙所编类书《格致镜原》引《名义考》称："今命妇衣外以织文一幅，前后如其衣长，中分而前两开之，在肩背之间，谓之霞帔。"[2]书中所描述的是明代霞帔，但可以想见，宋代的样式也应该如此。到了清代，霞帔的胸前、背后与朝廷官服类似，缀以补子，下摆缀以五彩垂缘。补子纹样只织绣禽鸟，而不用兽纹。

宋代霞帔还有典故流传，"红霞帔"与"紫霞帔"出典于对宋代服制细节的演绎，是说霞帔"非恩赐不得服"。宋代皇帝若要宠幸一位女性，就会赐以霞帔，"红霞帔"和"紫霞帔"的称号由此得来。不过，红霞帔和紫霞帔在当时的后宫等级中实际连"品"都算不上。宫女得到宠爱受赐霞帔固然好，但宫斗异常激烈，并非顺风顺水。《续资治通鉴长编》中就记载了一个悲惨的故事，北宋哲宗驾崩后不久，一批哲宗身边的嫔妃被废黜，其中有位正五品的才人韩氏，竟直降为"红霞帔"去为哲宗守陵，从此孤老至死。[3]

［1］ 曾枣庄分史主编：《二十四史全译·金史》，上海：汉语大词典出版社 2004 年版，第 738 页。

［2］ （清）陈元龙：《格致镜原》（上），扬州：江苏广陵古籍刻印社 1989 年版，第 152 页。

［3］ 参见李焘著，黄以周等辑补的《续资治通鉴长编》（上海：上海古籍出版社 1986 年版）中对红霞帔的记述。

　　无论是大袖，还是霞帔，都需要与女子的整体扮相吻合，这就涉及头饰。宋代女性以高髻来营造高挑的形象，比较著名的有朝天髻、同心髻和流苏髻。顾名思义，"朝天髻"就是将发辫编成两个圆柱形立于头顶，并通过簪子使其高高翘起。朝天髻的历史可以追溯到五代，五代前蜀王建墓和太原晋祠圣母殿的雕塑中都可以看到梳着朝天髻的女性形象。陆游在《入蜀记》中曾这样描绘同心髻："未嫁者率为同心髻，高二尺，插银钗至六只，后插大象牙梳，如手大。"[1] 可见，高髻的确能让女性显得更加高挑。宋代周辉在《清波杂志》中也有记载："辉自孩提见妇女装束，数岁即一变，况其数十百年前样制，自应不同。如高冠长梳，犹耳见之，当时各大梳裹，非盛礼不用，若施于今日，未必不夸为新奇。"[2]

---

[1]　朱东润：《陆游传》，武汉：华中科技大学出版社 2019 年版，第 78 页。

[2]　（宋）周辉撰，刘永翔校注：《清波杂志校注》，北京：中华书局 1997 年版，第 338 页。

第十二章

文士衣冠

　　宋代统治者竭力倡导"兴文教，抑武事"，文人士大夫的社会地位获得前所未有的提升，甚而可以说宋代是古代文人士大夫生活的黄金时代。一方面士大夫阶层和统治阶层之间实现了权力的相对约束，即皇权制度从一开始就是以士大夫阶层为基础建立起来的，这使得文人士大夫在政治权力中占有的主体地位得到发展，进而使"学而优则仕"的儒家思想得以在现实中体现。另一方面文人士大夫不仅参与行政事务，同时也成为文化生产与传播的主导者，真正承担起儒家道统意识承担者和传承者的义务。正是这些文人士大夫对德性、品格特征及其所代表的社会形象的自我要求，促使宋代文士衣冠有了自己的文化特征，并由此对当朝乃至后世文人衣冠的审美产生影响。当时的文人士大夫们无论是在服饰衣料质地、款式设计，还是色彩搭配、纹样花色等方面都呈现出崇尚简约、追求质朴、勿求张扬、彰显儒雅风范的特点。也正因此，宋代文士衣冠成为后世文人群体竞相追摹的典范。

　　宋代文人士大夫头上戴的巾作为常用首服之一，是一种显示身份的帽子。巾起初用于韬发（一项古礼，指未成年人用帻巾包扎头发），先秦时就被民众广泛使用，到东汉以后戴巾已不限于庶人，在士大夫之间流行开来，他们往往"越名教而任自然"，视戴冠为累赘，皆扎起巾来。在江苏南京西善桥南朝墓出土的《竹林七贤与荣启期》画像砖（图12-1）中，就描绘有四位士人扎巾却没有一人戴冠的情景，可见裹巾风尚在当时的流行。发展至宋代，甚至到了"宣政之间，人君始巾"[1]的地步。文人士大夫燕居（退朝而处）时，尤其喜爱戴巾帽，配上一身宽博衣衫，以为高雅。宋代的巾常以著名文人名字来命名，比如东坡巾、程子巾等。《梦粱录》中记载道："且如士农工商诸行百户衣巾装着，皆有等差……街市买卖人，各有服

---

[1]（宋）赵彦卫：《云麓漫钞》（卷四），上海：古典文学出版社1957年版，第51页。

图 12-1.1 《竹林七贤与荣启期》画像砖中的山涛线描稿，作者绘制

图 12-1.2 《竹林七贤与荣启期》画像砖中的王戎线描稿，作者绘制

图 12-1.3 《竹林七贤与荣启期》画像砖，江苏南京西善桥南朝墓出土

色头巾，各可辨认是何名目人。"[1] 可见，衣巾装着已经呈现出非常明显的实用功能。

宋代流行愈加高耸的戴巾方式，可能是受到当时穿朝服必戴进贤冠（一种涂漆的梁冠）、貂蝉冠（又名"笼巾"，用藤丝编形，上面涂漆）和獬豸

---

[1]（宋）吴自牧：《梦粱录》，杭州：浙江人民出版社 1984 年版，第 161 页。

图 12-2 《治平帖》中的东坡先生像，
故宫博物院藏

冠（冠梁上有类似獬豸角的装饰）的公服穿戴影响。此类官帽都是高冠形制，
以显示等级高下。现藏于故宫博物院的苏轼书法作品《治平帖》中，引首
抄录元代吴郡释东皋妙声所书《东坡先生像赞》，并附有明人所绘东坡先生
像（图 12-2），从此东坡立像中可以见到"东坡巾"的模样。东坡巾，亦称
为"东坡帽"，成形于宋且是两宋盛行的巾帽样式。《坚瓠集》中阐述了东坡
巾的来历："昔东坡被论坐，囹圄中所戴首服，则常服不可也，公服不可也，
乃制此巾以自别，后人遂名曰东坡巾。"[1] 即使东坡巾被记载为苏轼身陷牢狱
之时的创造，也没有妨碍时人尤其是文士对它的推崇。也有人认为，东坡巾
代表了"拟古典，宗汉唐"的幅巾的复兴，是宋代文人士大夫追崇古制的一
种体现。他们以幅巾为尚，标榜自身的清高与儒雅。可见，东坡巾体现了宋

---

[1]（明）褚人获辑撰，李梦生校点：《坚瓠集》，上海：上海古籍出版社 2012 年版，第 230 页。

代儒士的审美取向。自宋代开始，东坡巾逐渐成为后世文人的一种象征，甚至是道德化身的符号，在元明时期都很流行，还有目不识丁者为了附庸风雅而成为东坡巾的拥趸。

宋代另一种首服为幞头，亦名"折上巾"。幞头为北周武帝（6世纪中叶）至宋代常服中的主要首服，其戴用非常广泛，无论是朝廷命官还是文人士大夫，平日都喜好戴幞头。不同于唐初以巾帕裹系头上的软脚幞头，宋代的幞头基本脱离了巾帕的形制，内衬有木骨，外罩漆纱，成为一种更易于戴上的便帽。《梦溪笔谈》中写道："本朝幞头有直脚、局脚、交脚、朝天、顺风，凡五等，唯直脚贵贱通服之。"[1]宋朝的幞头大多体现着等级秩序，唯有直脚幞头是不分贵贱、人人皆可佩戴的。幞头背后所伸出的两脚，一开始并不是很长，到了宋代中后期则越来越长，据说这是皇帝为阻止大臣们在朝议事时窃窃私语而专门设计的。在河南禹县白沙宋墓壁画、山西高平开化寺宋代壁画中，都可以看到幞头。另据《东京梦华录》《梦粱录》等记载，宋代南北各地的城镇街坊都有作为商品的幞头出售，有些摊贩还专以修幞头为生。两宋盛行赐花、簪花之礼，自然也影响到了宋朝幞头的艺术形式，《宋史·舆服志》中写道："幞头簪花，谓之簪戴。"[2]宋代簪花风俗和宫廷礼制共同影响了幞头的创新与演变，文人雅士的簪戴之举昭示了身份和荣誉，同时也反映出他们所提倡的儒雅文化。

在理学思想的笼罩下，宋代文人士大夫的服装相对保守，与唐代包容并蓄的风格有着明显的差异。据《宋史·舆服志》记载，宋代文人士大夫的服装（除官服之外）约有五种款式，分别是深衣、紫衫、凉衫、帽衫和襕衫。深衣，乃是文人士大夫常穿的礼服，平日交往或祭祀、燕居（闲居）时穿用。其式样采取古制，与秦汉时期的基本相似，但衣领、袖、襟则普遍选用黑色

---

[1]（北宋）沈括：《梦溪笔谈》，上海：上海书店出版社2009年版，第3页。
[2]（元）脱脱等：《宋史》，北京：中华书局2000年版，第2386页。

缘边，以显示庄重。他们穿这类深衣时，还特别佩戴黑布冠，冠下衬幅巾，腰系大带，足着黑履。这反映了宋代文人士大夫即便是退朝燕居之时，也极其注重修身。

紫衫因采用紫草醌染色而得名。紫草醌是存在于紫草根部的衍生物，其中的紫草素即为紫衫的染料，一般采用媒染的方法对纤维素、纤维织物进行染色。紫草醌与环境相容性较好，对人体健康无害。紫衫本是上古时戎事之服，宋与辽金战事不息，为了"以便投戎"就让文人士大夫们也穿这种衣服。紫衫为圆领、窄袖，前后不开胯，与宋朝的凉衫相比更为短窄。其基本形制为礼服，比如"冠婚"时也成为配套衣着。

凉衫与紫衫基本相同，因为是白色的，所以又叫"白衫"。与紫衫不同之处是，凉衫较为宽大。苏轼在《菩萨蛮·回文夏闺怨》中写道："柳庭风静人眠昼，昼眠人静风庭柳。香汗薄衫凉，凉衫薄汗香。"从"香汗薄衫凉"来看，其衣料为纱罗一类。沈括在《梦溪笔谈》中记载道："近岁京师士人朝服乘马，以鬍衣蒙之，谓之'凉衫'。"[1]从中我们可以看出凉衫的一种功能，即北宋士人在骑马时将其穿于朝服外，以遮挡灰尘。的确，凉衫在北宋士大夫中比较流行，而且他们常以白色便服配乌纱帽[2]。在南宋绍兴二十六年（1156），当时的统治者认为紫衫是戎服，于是"再申严禁，毋得以戎服临民，自是紫衫遂废。士大夫皆服凉衫，以为便服矣"（《宋史·舆服志》）。至南宋孝宗时，凉衫因其"纯素可憎"而被废，后改为丧服。宋孝宗去世时，群臣即服白凉衫、皂带赴丧。由于凉衫颜色浅白，所以后来就只在服丧时使用，其他场合不准穿。

帽衫是北宋文人士大夫穿的一种常服，乌纱帽是其重要组成部分。宋代由于紫衫和凉衫流行，帽衫渐渐稀少，唯有文人士大夫在家中举行"冠婚"

---

[1]（宋）沈括：《梦溪笔谈》，上海：上海书店出版社 2009 年版，第 12 页。
[2] 宋太祖赵匡胤登基后，为防止议事时朝臣交头接耳，就下诏书改变乌纱帽的样式。在乌纱帽的两边各加一个翅，这样只要脑袋一动，软翅就忽忽悠悠颤动，皇上居高临下，看得清清楚楚；并在乌纱帽上装饰不同的花纹，以区别官位的高低。

图 12-3　唐三彩文官俑

或祭祀典礼时配套穿帽衫，进入国子监的文人也常以帽衫装束。

　　襕衫，即在衫的下摆加接一幅横襕。《书仪》规定"三加"礼服，无官者着襕衫。《宋史·舆服志》中记载道："襕衫以白细布为之，圆领大袖，下施横襕为裳，腰间有襞积（打褶）。进士及国子生、州县生服之。"[1]这说明襕衫为进士、国子生、州县生的衣着，并非官服。在宋朝，不只男性可穿襕衫，也有女款襕衫，其样式十分简洁、宽大。襕衫虽不属官服，但其袍衫款式接近于官定服制，同大袖服相似，袖宽四尺，领、袖有缘边为饰。当然，宋代百官朝服也与之同制，仅是服色和配饰各异。

　　总体来说，相较于唐代（图 12-3），宋代文士衣冠（图 12-4）偏于保守，审美也趋向朴素和理性。在宋代，程朱理学对文人士大夫的价值观乃至

---

[1]（元）脱脱等：《宋史》，北京：中华书局 2000 年版，第 2392 页。

图 12-4 宋三彩
文官俑

审美观念产生了极大的影响，以儒学为中心的文人意趣渗透到服饰文化中，
其含蓄内敛、朴淡自然不同于魏晋士人之狂放洒脱。宋代文人士大夫在举手
投足间追求清新儒雅的文人风度，同时讲究在服制中体现出更为严格的等级
秩序，而当时的社会又对文质彬彬的文人风度极为推崇，这就使宋代文士服
饰及文化明显地体现出一种儒雅化倾向。

第十三章

衣着褙子

图 13-1　南宋刘宗古《瑶台步月图》，故宫博物院藏

　　南宋画院待诏刘宗古所绘《瑶台步月图》（图 13-1），是一幅绢本设色的纨扇作品，画中的三位女主人与两名侍女娉婷于瑶台之上，在朗朗的月色下恬静赏月。细细观看，三位女主人和两名侍女的衣饰乃为宋代典型衣着服饰——褙子。穿着褙子的这五位女子在中秋赏月情景里风姿婉约，尽显文静优雅之姿。尤其是身着褙子的三位女主人纤秀匀称，神态脱俗，立于瑶台一侧。台下树梢掩映，台上玉栏环绕，她们身着紫色或白色褙子，有的捧着供品，有的捧着茶盘，有的手端茶杯作饮茶玩赏之状，神态悠然自得。两童侍女也都穿着褙子，手执壶或扇侍奉在侧。明月空中高悬，祥云隐现。

　　在宋人画作中，女子所穿的褙子并非艺术化的表现，而是有着实证可鉴。例如，宿白先生的《白沙宋墓》[1]一书对1951年发掘的河南禹县白沙镇的三座雕砖壁画墓所作的学术探究，证明该墓葬中的墓室结构、墓室装饰（包括壁画和建筑）以及墓中多件遗物确为宋代遗迹。书中详细考证了墓室壁画，如在后室东南壁绘有两女，高髻，髻上戴白团冠，冠下前后插簪饰，着窄袖蓝衫、云纹蓝裙，衫上外套绛色褙子。进一步求证可知，该墓壁画上女伎穿的褙子与前文所述宋画中的可谓如出一辙。有理由相信，白沙宋墓的规制参照了旧制，那么，其壁画所绘内容也会有沿袭。始于隋代的褙子，到唐代大多为直领对襟，两侧自腋下开始便不予缝合，大多是罩在其他衣服外面穿，这种样式在宋代十分流行。

　　关于褙子的名称，有多种说法，诸如"背子""绰子"和"绣镼"。尤其是"绰"字，《说文解字》写作"繛"为形声字，从"素"，"卓"声。"素"古时指"丝织品"；"卓"意为"高"，引申为"一人高"。"素"与"卓"字连用，代表的就是长度可以拖至地面的女子服饰。那么，什么是"绣镼"呢？《后汉书·光武纪》记载道："时三辅吏士东迎更始，见诸将过，皆冠帻，而服妇人衣，诸于绣镼，莫不笑之，或有畏而走者。"[2]其上对于"诸于"注解道："诸于，大掖衣也，如妇人之褂衣，褂，妇人上服名也。"[3]近人徐珂《清稗类钞》对"半臂"解释为："汉时名绣镼，即今之坎肩也。"[4]由此可见，"绰子"和"绣镼"两者形似，只是质地与穿着方式不同。前者为无袖内衣，后者为无袖外衣。前者贴身，后者贴衣，可解释为罩衫。前者单帛，后者多棉夹，谓之"绣镼"。依此推论，这类衣着样式较为符合褙子的基本款制。如宽袖褙子均为直领对襟，大袖，衣襟上饰有花边，并且领长直通下摆；窄袖褙子的袖口和衣领都饰有花边，衣领处的花边长度仅到胸部，且自腋窝处开衩，腰间以丝帛束着，下摆长度超过膝盖。到了宋代，因受程朱理学的影

———————

[1] 宿白：《白沙宋墓》，北京：生活·读书·新知三联书店2017年版。
[2] （南朝宋）范晔著，（唐）李贤等注：《后汉书》，北京：中华书局1999年版，第7页。
[3] 同上。
[4] （清）徐珂编撰：《清稗类钞》，北京：中华书局1986年版，第6191页。

响，审美追求质朴，褙子逐渐成为女子的一种常礼服。而在宋代还有一种说法，认为褙子应为婢妾的服制，因为婢妾地位低下，任何场合皆侍立于主人的背后，故褙子又称"背子"。所以，宋代身份高贵的女性大多穿大袖衣，婢妾则穿腋下开衩、便于行走的服装。

宋女褙子通常是穿在大袖衣衫里，且褙子的两裾直垂，幅度长可及膝，领型有三种类型，即直领对襟式、斜领交襟式和盘领交襟式，并在领口、袖口、衣襟下摆等处有装饰。宋代张择端《清明上河图》中，就描绘有两位站在街市楼上的窗格边、身着褙子的女子观望的情形。此外，宋代《蕉阴击球图》（图 13-2）、《歌乐图》（图 13-3）、《投壶图》与《荷亭婴戏图》中，也能见到穿褙子的女性形象。山西太原晋祠圣母殿的宋代雕塑中，也塑有衣着褙子的仕女。1975 年发掘的福建福州南宋黄昇墓中，墓主人在最外层大袖

图 13-2　宋代佚名《蕉阴击球图》，故宫博物院藏

内就穿有紫褐色罗印金彩绘花边的单衣（图 13-4），这件衣服对襟、直领、两侧开衩，从其形制上看实际上就是褙子，领口和前襟的缠枝菊花纹样采用了印金、彩绘工艺。黄昇墓中女主人褙子里还穿有褐色罗镶花边夹衣、褐色花绫镶花边夹衣、褐色花绫𬭎花边夹衣、黄褐色绢丝绵袄、黄褐色花绫夹衣、黄褐色缉夹纳衣、黄褐色绢单衣等短衣。考据可知，若要制成这些精美绝伦的刺绣褙子和短衣服饰，除了对缫丝有很高的要求，拈丝、经纬等也都必须具备高超的工艺水平，当时工匠使用纺车、线架等工具的熟练程度由此可见一斑。这也表明，在宋代能够身穿褙子及配套短衣的女子非贵即富。再来看褙子的长度，以江西德安周氏墓和福建福州黄昇墓为例，周氏墓墓主人身高 1.52 米，其随葬的一件褙子长达 1.22 米；黄昇墓主人身高 1.6 米，其随葬的一件长款褙子长度为 1.25 米。可见，褙子可以衬托修长身材，女主选择穿很长的褙子和大袖，其用意也在于此。

宋代普通女子不仅不能穿大袖衫，就连褙子也不能随便穿，因为像样的褙子价格不菲。当然，简朴且价格低廉的褙子，则往往是宋代女子首选的外套，而北方的金代女子也是这种穿着。宋代贵族女子在正式场合穿褙子时，必须与内穿短衣相配，而在平常，这样的衣着舒适且方便，往往是居家休闲的常服。需要强调的是，宋代贵族女子穿褙子是有搭配要求的，诸如高冠

图 13-3　南宋佚名《歌乐图》（局部），上海博物馆藏

图 13-4　紫褐色罗印金彩绘花边单衣，福建福州南宋黄昇墓出土

图 13-5　南宋养鸡女形象，重庆大足宝顶山石窟中的《地狱变相》组雕中的一尊

配以精美头饰，着裙或裤为内穿，外罩花色褙子。普通女子则多穿简约素色的褙子，有时腰间会系带，头饰也较为简单。内穿的短衣，就是常说的襦或袄。这种短衣也很讲究，分为单、夹两种，长度与上身相当。宋代女性经常用袄与裙搭配，袄自然垂在裙外且稍长，恰好与褙子组成套装。重庆大足宋代石刻中的养鸡女（图 13-5），就是身穿类似褙子的长袖袄，下配裙子。据史料记载，褙子可以长到小腿下端，再用勒帛在腰间系束，这样更显颀长身材。正如宋人周端臣在《玉楼春》（华堂帘幕飘香雾）中所说："华堂帘幕飘香雾，一搦楚腰轻束素。"[1] 楚王好细腰的审美习性在宋代得以畅行。

值得一提的是，褙子在

---

[1]　周振甫主编：《唐诗宋词元曲全集·唐宋全词》（第 7 册），合肥：黄山书社 1999 年版，第 2771 页。

宋代广为普及，而且并非女子专属，男性也常穿褙子，常衬于公服内，基本款式有斜领和盘领两种。江苏金坛周瑀墓这座男性墓葬中有褙子出土，就是极好的证明。宋人李廌撰写的《师友谈记》（又名《济南先生师友谈记》）记述苏轼、范祖禹、黄庭坚、秦观、晁补之、张耒等人所谈遗闻佚事："御宴惟五人……宝慈暨长乐皆白角团冠，前后惟白玉龙簪而已，衣黄背子，衣无华彩。"[1] 这也佐证了宋代男子穿褙子的事实。其实，有史料记载，宋代男子上至皇帝、官吏、士人，下至商贾、仪卫都有穿褙子的习惯。男性穿褙子者虽说不刻意讲究身份，但主要还是集中在社会的中上层人士之间。不过男性褙子并非正式的服饰，多为居家休闲的燕居服。这类衣饰不系襻纽，可宽可窄、可长可短，穿起来随意便捷。传为宋徽宗赵佶的《听琴图》（图 13-6）描绘了雅集听琴的场景，这位国君穿着一件深色

图 13-6　（传）宋代赵佶《听琴图》（局部），故宫博物院藏

---

[1]　金沛霖主编：《四库全书·子部精要》（中），天津：天津古籍出版社、北京：中国世界语出版社 1998 年版，第 1017 页。

衣料的褙子，悠然自得地端坐其中，凝神抚琴。前面两位纱帽官服的朝士对坐聆听，左面绿袍者笼袖仰面，右面红袍者持扇低首，仿佛正被这拂动的琴弦撩动着神思，完全陶醉在琴声之中。叉手侍立、身穿蓝衫的童子也瞪大眼睛，正注视着拨弄琴弦的国君。画作以"此时无声胜有声"的意境，营造出一种清幽的听琴氛围。

　　尽管褙子在宋代广泛流行，然而终究不是正式服饰，仅为居家休闲之服。褙子可自由裁量，且裁剪十分方便，没有过多配饰。北宋初年之后的服饰不再延续隋唐雍容华丽的风格，而是开始追求朴实。褙子既没有曲线，又没有袒领，更没有独特的宽肥大袖，款式简洁，风格素朴，以简胜繁，重在体现宋代简约至极的审美意趣。

第十四章

宋服衣料

图 14-1.1　南宋圆领素罗大袖衫，浙江台州
南宋赵伯澐夫妻合葬墓出土

图 14-1.2　对襟双蝶串枝菊花纹绫衫，浙江
台州南宋赵伯澐夫妻合葬墓出土

图 14-1.3　对襟縠衫，浙江台州南
宋赵伯澐夫妻合葬墓出土

宋服衣料的讲究程度，是我们难以想象的。从近些年出土的实物来看，衣料品种可谓丰富多彩。

例如，2016 年 5 月在浙江台州宋太祖赵匡胤七世孙赵伯澐夫妻合葬墓中出土的一批服饰（图 14-1），被认为是研究南宋服饰较有价值的墓葬文物。经专家鉴定，其服饰种类涵盖了衣、裤、袜、鞋、靴，以及饰品等。衣料品种繁多，计有绢、罗、纱、縠、绫、绵绸、刺绣等，且衣料花纹丰富，包含重莲纹、缠枝葡萄纹、双蝶恋菊纹等 20 多种不同的花卉组合纹饰。这些出土实物体现了南宋服饰纹样的典型特征，被认为是宋代士大夫儒雅服饰之美的代表。

又如，1975 年在江苏金坛南宋周瑀墓中发掘出了共计 34 件随葬衣物，以及一批生织匹染的桑蚕丝织物。织物的品种计有纱、罗、绢、

图 14-2　黑色缠枝牡丹纹罗交领袍，提花纹样为缠枝纹牡丹大朵花，间以桂花、桃花，江苏金坛南宋周瑀墓出土

绅、绮、绫六种[1]，许多提花罗衣料（图 14-2）很是讲究。经初步整理，考古人员还在另外两个墓室内发掘出土各类文物 26 件（套），包括龙泉窑瓷盅、锡冥器、金发饰、木器等，足以证明这是一座有身份的家族墓葬，也间接揭示了南宋大户人家的衣着风貌。同年，在福建福州南宋黄昇墓中发掘出成件的服饰及丝织品 354 件，囊括了古代各种高级织物[2]，其中，罗织物就有单经、三经、四经绞罗，以及不起花的素罗，还有平纹和斜纹起花的各式织物。四经绞罗以四根经丝为一组，左右相绞而形成有孔隙的罗，透气性极好，并有花罗和素罗两种衣料。这种罗织物兴起于汉代，至宋达到顶峰，可惜其织造技艺此后失传。

　　依考古举证，宋服衣料讲究确有事实。究其原因，主要缘于宋代丝织业高度发达，以及社会接纳面日益扩大。比如说，宋代衣料所采用的丝织品种十分齐全，有锦、绮、罗、绉、绫等，且在各地都有大量生产并各具

[1]　肖梦龙：《江苏金坛南宋周瑀墓发掘简报》，《文物》1977 年第 7 期，第 24—27 页。
[2]　丁清华：《以福州南宋黄昇墓出土文物为例：南宋贵族妇女的华衣美服》，《大众考古》2014 年 12 期，第 53 页。

特色。以织罗为例，历史上被称为"宋罗"的丝织物名目繁多，而且多为贡品。如苏州的吴罗，是江南富庶生活与奢华的象征。以苏州为中心的吴地是宋代罗织物生产的故乡，织罗技艺高超的匠作艺人在最为盛行时达数千之众。此外，又有成都的大花罗，蜀州的春罗和单丝罗，婺州的暗花罗和含春罗，江边的贡罗，东阳的花罗，越州的越罗，以及润州和常州的孔雀罗、瓜子罗、菊花罗、宝相花罗、春满园罗等。而江南一带朝廷定点的织罗署产出的云纹罗，更是风靡一时，精美绝伦。甚至江南一带庵堂的尼姑们也加入织罗的行列，她们生产的罗织物产品就以"尼罗"而闻名于世。

如此说来，宋代罗织物品种也与唐代有所区别，轻薄透气且绫罗秀丽，是当时流行的罗织物的最大特点。特别是在炎热的江南夏季，罗织物成为人们日常生活中最常选择的高级衣料。以罗织品种绫纱为例，在湖南衡阳何家皂北宋墓、江苏金坛茅麓南宋周瑀墓、福建福州南宋黄昇墓中，都出土有较大数量的绫纱衣物。这是一种纱薄如蝉翼的衣料，自古就被选用设计为女性衣物。《宋史·五行志三》中记载"理宗朝，宫妃系前后掩裙而长窣地，名'赶上裙'"[1]，明确记述了南宋理宗朝后宫嫔妃的衣着实况。根据实物与文献记载，按质地划分，裙料主要有布、纱、罗、绸等，用得最多的是罗，故"罗裙"成为宋代女性衣着的统称。至于裙的质地、颜色和款式，更是丰富多彩，有细布麻裙、多幅罗裙、黄罗银泥裙、大红纱裙等，还有一种短款剪裁的短旋裙，前后开胯，以便乘骑。这种裙在北宋开始流行时只有妓女所穿，至南宋逐渐在社会上风行开来。文献中还有记载，北宋初年皇家就选用锦绣绫纱为仪仗队服饰，南宋之后逐渐改用印花布料替代。需要说明的是，宋代有很长时间是禁止印花工艺在民间使用的，但在上层官僚中无此禁忌，他们向民间输送印花织物衣料，大发其财。

---

[1] （元）脱脱等：《宋史》，北京：中华书局 2000 年版，第 966 页。

据说南宋淳熙七年（1180）唐仲友任台州知府时，违反禁令在家乡婺州开设彩帛铺，套用公款雕制印花版印染斑缬。《古今图书集成》卷六八一《苏州纺织物名目》中提到南宋宁宗嘉定年间（1208—1224），嘉定安亭镇有归姓者创始"药斑布"[1]。明代《正德练川图记》描述了"药斑布"的工艺、图案及用途："以布抹灰药染青，俟其干，去之，则青白相间，有楼台、人物、花鸟之形，为帐幕衾帨颇佳。"[2]"药斑布"在历史上先后被称作"浇花布""印花布"和"染花布"，清代光绪年间又以"蓝印花布"驰名。这种印花布就是如今民间流行的蓝印花布的前身，自宋代以来都是民间妇女选用的重要衣料，直至晚清、民国。

再有，宋代缂丝（图14-3）在历史上赢得了极高美誉，不仅在工艺水平上达到高峰，也将艺术性提升到了顶端。缂丝属于丝绸品种一类，由唐至宋发展成为名贵丝织品。而宋时的缂丝呈现出一种全新的面貌，在纹样上极力模仿宫廷花鸟画的表现形式，成为一种纯粹的欣赏物。"宋人刻丝，所取为粉本者，皆当时极富时名之品，其中如唐之范长寿，宋之崔白、赵昌、黄居寀，诸作为历代收藏家所宝玩。今真迹既不易得见，仅于刻丝之摹肖本观之，其精美仍不稍减，益令人想见唐宋人名画之佳妙。"[3]"粉本"即古人画稿，这段话说明了宋代缂丝对于宋代绘画的模仿程度及其逼真效果。崔白、赵昌、黄居寀均是宋代花鸟画名家，他们的作品"皆当时极富时名之品"。其实，通过缂丝工艺来"描摹"一幅宋代花鸟画，其时间和制作成本远超于完成一幅绘画作品，甚至需要多于绘画数十倍的功夫。缂丝对于织工的协调能力也有着较高的要求，需要经过络经线、牵经线、套扣、弯结、后轴经等十五道工序。正因如此，缂丝才如此昂贵，从宋元以来一

---

[1]（清）陈梦雷编纂：《古今图书集成·职方典》，上海：中华书局1934年版，第99页。

[2]（明）陈渊修、都穆纂辑：《正德练川图记》，载上海市地方志办公室编：《上海府县旧志丛书·嘉定县卷》（1），上海：上海古籍出版社2012年版，第15页。

[3] 朱启钤著，虞晓白点校：《丝绣笔记》，杭州：浙江人民美术出版社2019年版，第58页。

图 14-3 宋代缂丝花鸟图

直都是皇家御用织物，普通百姓很少得见。这种制作过程迄今为止也无法被机器所替代。宋代缂丝的特殊价值，在于其摆脱了衣料织物的实用价值，而迈入艺术的殿堂。

当然，宋服衣料远不止上述这些，《宋史·食货志》中有更为详细的记载，如岁赋之物"帛之品十"[1]，罗、绫、绢、纱、绸、丝绵等都是宋代达官贵人推崇选用的衣料。宋代的织、染、缂、绣等工艺快速发展，相对隋唐而言可谓更趋成熟，并朝着带有观赏特征的艺术品方向发展，随之涌现出丝织、宋锦、妆花、织锦缎、缂丝、刺绣、印金等工艺精湛的品种，这些也都与服饰融合，形成宋代特有的服饰文化。其中，发源于苏州的宋锦是宋代织锦工艺的经典代表，属于我国享誉中外的三大名锦之一。宋锦被称为"锦绣之冠"，不仅用于衣物选料，也是书画装裱的重要材料，其图案细腻生动、风格典雅，与唐锦的雍容华贵形成对比，反映出宋朝纤巧秀美的美学思想。"考古发现的宋代丝绸，锦类所见不多。这是由于宋朝统治者把锦主要作为向异族纳贡求和的礼品，民间是不许私运贩卖及生产的。"[2]故宫博物院藏北宋灵鹫球路纹锦袍（图 14-4）为宋锦精品，出土于新疆与青海交界处的阿拉尔地区的古墓中，装饰纹样是带有异域风情的双鹫球路纹。此外，按宋代官服制度规定，每年必须按品级分送"臣僚袄子锦"给所有文武百官，其花纹各有定制：翠毛、宜男、云雁、瑞草、狮子、练雀、宝照（有大花锦和中花锦之分），共计七等。为了适应和满足朝廷对织锦的需求，宋代少府监下辖的锦院规模很可观。"同时在成都设有转运司、茶马司、锦院，由监官专营监制织造西北方和西南少数民族喜爱的各式花锦。"[3]

近年在江苏南京明大报恩寺遗址中，发现了建于北宋时期的地宫，从中

[1]　（元）脱脱等：《宋史》，北京：中华书局 2000 年版，第 2815 页。
[2]　黄能馥、陈娟娟：《中国丝绸科技艺术七千年：历代织绣珍品研究》，北京：中国纺织出版社 2002 年版，第 154 页。
[3]　钱小萍：《中国宋锦》，苏州：苏州大学出版社 2011 年版，第 20 页。

图 14-4　北宋灵鹫球路纹锦袍及其局部

清理出各类丝织品 102 件，包括罗、绢、绮、绫、纱等，使用的装饰手法有提花、泥金、彩绘、刺绣等，这是北宋丝织物最大规模的一次发现，也是保存最为完整的一批。地宫中出土的提花织物的纹样中，折枝花卉较为常见。刺绣类织物的纹样呈散点分布，五瓣花朵、折枝石榴花朵等较为常用。织物饰金工艺在宋代发展繁盛，南京明大报恩寺遗址出土有红罗地描金卷草纹夹袋、描金折枝球路流苏纹罗帕、泥金罗囊等饰物。此类织物的纹样较为复杂，较大的花卉有描金卷草纹样、印金折枝牡丹纹，其中有一件罗地泥金帕（图 14-5），绛色，方形，四经绞罗。正中泥金绘团龙纹，四角绘凤鸟卷草纹。泥金类丝织物是将金箔粉和胶黏剂混合均匀后，用毛笔蘸之，再在织物

图 14-5 宋代罗地泥金帕，江苏南京大报恩寺遗址出土

上画出纹样。这类罗织物工艺复杂，成品十分透薄，非普通阶层百姓所用，在其上印金，则更显珍贵。[1]

总体来说，宋代衣物的丝织品样式与设色趋于写实和自然，受到当时花鸟画的影响，开始出现大量的花鸟纹饰，尤其以自然生动的折枝花为主，体现出一股清丽之风，配色更是追求淡雅柔和。福建福州黄昇墓和江西德安周氏墓出土的丝织品和服饰就是这一时期丝织物纹样的代表，且具有许多相似性。如牡丹、芙蓉、山茶、梅花、荷花、玫瑰、月季、海棠、梅花、竹、卷草、宜男（萱草）等花草纹样，均有自成体系的装饰手法。两座墓中最常见的丝织物纹样是折枝花，图案趋于飘逸自由，百花杂陈，繁缛有序。尤以大朵的牡丹、芙蓉为装饰主体，配以梅花、海棠一类的较小花蕾，又在叶中

[1] 施博文：《南京大报恩寺遗址考古：取得重要的考古收获》，《南京日报》2010 年 7 月 5 日。

填充各类碎花，从而形成花叶相套的艺术效果。关于其颜色沈括在《梦溪笔谈》中评述道："熙宁中，京师贵人戚里多衣深紫色，谓之黑紫，与皂相乱，几不可分。"[1]同样，宋代织锦、缂丝、刺绣等多套色纹样的配色也不同于唐代，没有强烈的对比色。宋人主要是通过营造色彩面积的差异和不同颜色相间隔的方法，来追求色彩上的统一，而穿插其中的纹样往往又和整体形式协调一致。这些都凸显了宋代织锦、缂丝、刺绣庄重典雅与自然恬静的美妙意境。

---

[1]（北宋）沈括：《梦溪笔谈》，上海：上海书店出版社 2009 年版，第 19 页。

第十五章

漠北冠服

图 15-1　元代质孙服

元朝疆域一统，其地北瑜阴山，西极流沙，东尽辽左，南越海表，"方今幅员之广……当倍秦汉而参隋唐也"[1]。故此，元代冠服也有了极大的包容性，形成蒙汉衣冠于一体的衣着形制。

蒙人服饰以质孙服（又称"只孙""济逊"）为主，上衣下裳相连，根据蒙人生活习性，整体紧窄，且下身较短，并在腰间作无数襞积（褶裥），以便于骑马活动，上衣的肩背两处以大珠串为装饰（图 15-1）。在蒙语中，"质孙服"意为华丽之服，《元史》定义"质孙，汉言一色服也"[2]，表明这一服饰在衣料和选色上寻求一致。质孙服为元朝上层主事者的身份象征，按照当时的官制，民间是被禁止穿质孙服的。《元史》中还有记载，从元世祖

[1]（元）陶宗仪撰，王雪玲校点：《南村辍耕录》（二），沈阳：辽宁教育出版社 1998 年版，第 251 页。

[2]（明）宋濂等：《元史》，北京：中华书局 2000 年版，第 1289 页。

到元惠宗，帝王都按照上下之别，将不同的质孙服赐予功臣近侍以示嘉奖恩
宠。[1]皇室每年专设的招待宗亲贵族、有功之臣的重要宴会也被称作"质孙
宴"，其场面奢华隆重、人数众多，参与者必须盛装出席，所穿的衣服就
是质孙服。这样的盛宴往往会持续多日，要求参与者每日更换质孙服，一日
一色。

　　归纳来说，质孙服有两个基本特点：一是由专职服装师设计制作，主
要是供皇室穿着和赏赐之用；一是极为昂贵，奢华富丽。元人周伯琦在《诈
马行·诗序》中描述道："宿卫大臣及近侍，服所赐济逊、珠翠金宝、衣冠、
腰带。"[2]虞集在《曹南王勋德碑》中也写道："只孙者，贵臣见飨于天子则
服之，今所赐绛衣也。贯大珠以饰其肩背，膺间首服亦如之。副以纳赤思衣
等七袭。纳赤思者，缕皮傅金为织文者也。"[3]这些都是对质孙服最为真实的
写照。

　　其实，像质孙服这样的衣饰我们并不陌生，上衣下裳相连与汉族古制深
衣相仿，印证了蒙汉极有渊源。明太祖朱元璋号召"驱逐胡虏，恢复中华"，
要求服制"上承周汉，下取唐宋"。然而，明代依然保留了"曳撒服"的穿
着，其服饰遵循质孙服的款式，仅以别称而已。难怪明人沈德符在《万历野
获编》中写道："今圣旨中，时有制造只孙件数，亦起于元。时贵臣凡奉内
召宴饮，必服此入禁中，以表隆重。今但充卫士常服，亦不知其沿胜国胡俗
也。"[4]同样，蒙古族男子也喜欢穿袍服，这种习惯在其进入中原之后一直保
持着。蒙古族的袍服就地取材，以动物皮毛为主，并与"尚金"的喜好结合
而加入金线。对于蒙古族辫线袍（图15-2），南宋使者彭大雅在《黑鞑事略》
中有详细阐述："其服，右衽而方领，旧以毡毳革，新以纻丝金线，色用红

[1]　（明）宋濂等：《元史》，北京：中华书局2000年版，第1289页。
[2]　杨富有：《元代上都诗歌选注》，北京：中国书籍出版社2018年版，第402页。
[3]　（元）虞集：《道园学古录》，北京：中华书局1936年版，第170页。
[4]　（明）沈德符著，黎欣点校：《万历野获编》（上），北京：文化艺术出版社1998年版，第391页。

图 15-2　元代黄褐色织锦辫线袍，内蒙古包头达茂旗大苏吉乡明水墓出土

紫绀绿，纹以日月龙凤，无贵贱等差。"[1]南宋徐霆疏证《黑鞑事略》作了进一步解释："正如古深衣之制，本只是下领，一如我朝道服领。所以谓之方领，若四方上领，则亦是汉人为之，鞑主及中书向上等人不曾着。腰间密密打作细摺，不计其数，若深衣止十二副，鞑人摺多耳。又用红紫帛捻成线，横在腰，谓之腰线，盖马上腰围紧束突出，采艳好看。"[2]可见，蒙古族的袍服主要有质孙服和辫线袍两种。

当然，元蒙服饰受民族生活环境影响极大，蒙人在长期游牧生活中形成了独特的服饰体系。"笠帽蹬靴"便是蒙古族服饰的典型代表，这缘于蒙古族居住于漠北寒冷之地，先民们有一年四季都戴冠帽的习性。如"冬帽夏笠"之说，元末明初叶子奇在《草木子》中写道："官民皆戴帽。其檐或圆，或前圆后方，或楼子，盖兜鍪之遗制也。"[3]《元史》中更有戴帽的习俗记载："胡帽旧无前檐，帝因射日色炫目，以语后，后即益前檐。帝大喜，

---

[1]　（宋）彭大雅撰，（宋）徐霆疏证：《黑鞑事略》，上海：商务印书馆 1937 年版，第 4 页。

[2]　同上书，第 4—5 页。

[3]　（明）叶子奇：《草木子》，北京：中华书局 1959 年版，第 61 页。

图 15-3　元代笠帽，甘肃漳县元代汪世显家族墓葬出土

遂命为式。"[1]这顶"笠帽"的样式非常特别，帽子中间有一凸起部分，外沿为一圈圆形帽檐，因为其外形与生活中常见的乐器——钹相似，故又被称为"钹笠"。2015 年考古工作者在太原一处元代墓葬的壁画上，发现有头戴红色钹笠、身着长袍、脚穿红靴的男性形象。在同一墓葬出土的陶俑中，也有戴着钹笠的男子形象。近年在陕西刘黑马家族墓的发掘中，出土有手牵骆驼、深目高鼻、蓄络腮胡并头戴钹笠的色目人陶俑。另有一组骑马的汉族男俑，头戴有垂缨的钹笠，很是特别。此外，在甘肃漳县元代汪世显家族墓葬中，还出土了两件元代笠帽实物（图 15-3）。一件为圆形帽檐，材质为羊皮；一件为棕帽，外形类似钹笠，帽檐前部为圆形，后部近似方形，帽顶原有帽缨后披，帽长 37.5 厘米，宽 31 厘米，帽口径 20 厘米。[2]如此来看，笠帽在元代极为普及，蒙古族统治者、色目人、汉人都喜欢戴笠帽。

[1]　（明）宋濂等:《元史》，北京:中华书局 2000 年版，第 1891 页。
[2]　参见乔今同:《甘肃漳县元代汪世显家族墓葬——简报之一》，《文物》1982 年第 2 期，第 3—7 页。

图 15-4   元代瓦楞帽

　　蒙人另一种常见的冠帽是瓦楞帽（图 15-4），这种帽子属于便帽。瓦楞帽的名称和钹笠一样，都是根据其外形特点来命名的。元刻本《事林广记》（续六卷）的六幅插图中，有两幅描绘了身穿袍服玩"双陆"（一种棋盘游戏）的蒙古族官吏。此二人身后的童仆都戴着钹笠，穿交领衫，方顶敞口的四方瓦楞帽或置于身旁，或拿在童仆的手中。瓦楞帽轻便凉爽，主要是夏天佩戴，冬季北方寒冷，则改换暖帽。暖帽采用动物皮毛缝制，具有很好的防风保暖作用。《元史·舆服志》中有记载，天子所戴暖帽有金锦暖帽、红金答子暖帽、白金答子暖帽、银鼠暖帽等。[1]但在元代，这些帽饰首服的佩戴并没有明确的等级规制，人们往往是通过冠帽

---

[1]（明）宋濂等：《元史》，北京：中华书局 2000 年版，第 1289 页。

上的装饰来彰显自己的地位。如《万历野获编》中记载道："元时除朝会后，王公贵人俱戴大帽，视其顶之花样为等威。尝见有九龙而一龙正面者，则元主所自御也。"[1]《南村辍耕录》中也有关于宝石冠帽的记载："回回石头种类不一，其价亦不一。大德间，本土巨商中卖红刺一块于官，重一两三钱，估直中统钞一十四万锭，用嵌帽顶上。自后累朝皇帝相承宝重，凡正旦及天寿节、大朝贺时则服用之。"[2]这类帽子上的宝石或白玉装饰，叫"帽顶"。元代之后，人们改为束发之冠而不再戴帽。于是，很多元代帽顶上的"宝贝"，被挪用作明朝达官显贵家中香炉上的炉盖提纽，这导致元代帽顶与后世的炉顶相混杂，而被很多人误解。

　　元代贵族女性佩戴的罟罟冠，也称作"故姑""姑姑""固姑""顾姑"或"孛黑塔"，是蒙古族女性（为婚配后女性）头上必戴的冠帽。宋人聂守真在《咏北妇》中写道："双柳垂鬟别样梳，醉来马上倩人扶。江南有眼何曾见，争卷珠帘看固姑。"[3]可见，当时罟罟冠对生活在江南的百姓来说还是件新鲜事物。《黑鞑事略》中记载道："其冠，被发而椎髻，冬帽而夏笠，妇顶故姑。"[4]如徐霆疏证所言，罟罟冠以桦木制作骨架，用红娟金帛包裹，上面以珍珠、黄金为装饰[5]，正所谓"要知各位恩深浅，只看珍珠罟罟冠"[6]。贵族女性头戴罟罟冠的形象，在当时的卷轴画中较为常见。南薰殿旧藏《元世祖后像》（图 15-5）、《元顺宗后像》中都绘有罟罟冠。故宫博物院藏《番骑图》（图 15-6）中，也有两位头戴罟罟冠的女性牵着骆驼前行的场景。大英博物馆藏金元"古相张家造"款磁州窑人物枕上，也描绘有一位头戴罟罟冠的贵族女性。有专家认为，这表现的是"昭君出塞"的故事。在内蒙古四子

---

［1］（明）沈德符著，黎欣点校：《万历野获编》（下），北京：文化艺术出版社 1998 年版，第 709 页。

［2］（元）陶宗仪撰，王雪玲点校：《南村辍耕录》（一），沈阳：辽宁教育出版社 1998 年版，第 82 页。

［3］同上书，第 101 页。

［4］（宋）彭大雅撰，（宋）徐霆疏证：《黑鞑事略》，上海：商务印书馆 1937 年版，第 4 页。

［5］同上。

［6］傅乐淑：《元宫词百章笺注》，北京：书目文献出版社 1995 年版，第 110 页。

图 15-5　元代佚名《元世祖后像》，
台北故宫博物院藏

图 15-6　元代佚名《番骑图》（局部），故宫博物院藏

图 15-7　元代
罟罟冠，内蒙
古四子王旗王
梁墓出土

王旗王梁墓中出土有罟罟冠的实物（图 15-7），虽然很多部位已经腐朽，但
是可以发现其与文献记载基本吻合。元人李志常在《长春真人西游记》中对
罟罟冠的外形有详细的描述："妇人冠以桦皮，高二尺许，往往以皂褐笼之，
富者以红绡。其末如鹅鸭，名曰'故故'。大忌人触，出入庐帐须低徊。"[1]
这种罟罟冠特有的形制，让元代具有代表性的女性形象跃然于我国服饰史册
当中，成为重要历史时期多民族融合的见证。

---

[1]（元）李志常著，党宝海译注：《长春真人西游记》，石家庄：河北人民出版社 2001 年版，第 32 页。

金锦元服

第十六章

　　元朝是由少数民族建立起的大一统王朝，最能体现其服饰特色的当数织金锦。并且，金锦元服又是呈现当时用金风气之盛的典型代表。这种"把金织入锦中而形成特殊光泽效果的锦缎类织物，其加金属丝于丝织物构成本身组织结构中的一部分，并不是在舆服或衣服上以金为饰的工艺"[1]，而是一种以金缕或金箔切成的金丝作纬线织制的锦。依据考古资料，我国古代在丝织物中加金大约始于战国。五胡十六国时期，得益于波斯特产的传入，金锦服饰不但得到蒙古族崇尚，而且契丹族、女真族的上层达官贵人也崇尚用金，以此显示其财富和地位。

　　金锦元服不但织料珍贵，而且款式和纹饰也非常讲究。此时，织金锦技术达到了鼎盛，一种是采用金线附着于皮织面料上，被称为"皮金织衣"；一种是将金箔粘线与丝线混织，如此成为奢华的织物。元代金锦织衣集中体现在御用领袖纳石失上。从故宫博物院藏《元人画元后妃太子像册》可见，诸位皇后所穿服装的领口处正是用金线织制的纳石失（图 16-1），衣服上的花纹轮廓线外锦面上几乎布满了金线。这样的服饰自然受到蒙元尚金风气的推动。游牧民族对黄金有一种情有独钟的喜爱，他们逐水而居，不像农耕民族需要相对稳定的土地生产。面对多变的环境，他们往往会将贵重物品随身携带。于是，将黄金与服饰结合起来，成就一番服饰美装，就成为他们一举两得的创造。

　　其实，"织金锦"是现代称谓，元代称之为"纳石失"[2]。元代文献记载有"纳石失"一词，如《元史·舆服志》在"纳石失"下注"金锦也"，由于音译的习惯，在不同的文献中也被称为"纳失失""纳什失""纳赤思""纳阁赤""纳奇锡""纳瑟瑟"等[3]，清代又多了"纳克实"的称谓。其词源

---

［1］　沈从文：《织金锦》，载《花花朵朵 坛坛罐罐：沈从文谈艺术与文物》，南京：江苏美术出版社 2002 年版，第 219—243 页。

［2］　韩儒林：《元代诈马宴新探》，载《穹庐集：元史及西北民族史研究》，上海：上海人民出版社 1982 年版，第 251 页。

［3］　武晓丽：《〈元史·舆服志〉中的冕服制度研究》，《文物鉴定与鉴赏》2019 年第 2 期，第 91 页。

图 16-1　元代佚名《元明宗后像》《元英宗后像》，故宫博物院藏

应该与西域和中亚地区关系密切，大概是由波斯语或者阿拉伯语音译而来。[1]"纳石失"是 Nasīj 的音译，原为阿拉伯语，不过 Nasīj 在一些文献中经常与波斯语 nakh（意为用金丝织成的丝绸）一并出现或互相代替使用，如若将两个术语细细区分，织金锦的阿拉伯语叫"纳石失"，而在欧洲古代文献中称为"鞑靼布"。织金锦并非只有蒙古人能编织，早在中古时期阿拉伯地区的民间传说《一千零一夜》中，就谈及多地以织物闻名，其中 Merv（梅尔夫，土库曼斯坦的一个城市）所产织锦颇受蒙古人青睐。

　　另外，根据文献记载，在中亚察合台汗国的可汗大帐中，可汗座椅就是用金线绣的丝绸覆盖，大帐内里衬为金锦。为方便大规模织金锦，成吉思汗第一次西征就从赫拉特（阿富汗西北部城市）迁一千织户往西北重要城镇

———————————

[1] 韩儒林：《元代诈马宴新探》，载《穹庐集：元史及西北民族史研究》，上海：上海人民出版社 1982 年版，第 251 页。

别失八里，之后又从回鹘迁数千织工定居大都附近，将织金锦技术传授给中原人，而蒙古织金锦在东进的过程中，自然也吸收了东方的传统元素。织金锦是元代贵族服饰的重要组成部分，以极高的工艺和品质彰显身份与地位。《马可波罗行记》中有记载："大汗于庆寿之日，衣其最美之金锦衣。同日至少有男爵骑尉一万二千人，衣同色之衣，与大汗同。所同者盖为颜色，非言其所衣之金锦与大汗衣价相等也。"[1] 在为大汗庆寿的宴席上，皇帝与文武百官都身穿同色不同款的金锦衣，即《元史》中所载的用纳失石面料制作而成的礼服。[2]

以纳石失为代表的织金锦，充分体现了元朝中西合璧、南北交融的服饰文化。早在元代之前，织金锦已有出现，并受到一定程度的关注。但这种工艺到蒙元时期才随着丝绸之路得到集中传入，进而改变了我国织金工艺的艺术面貌，丰富了服饰的表现艺术。蒙古在西征期间，将大量的西域织金工匠东迁至中国。《元史》中记载道："至太宗时，仍命领阿儿浑军，并回回人匠三千户驻于荨麻林。"[3]"太宗即位……收天下童男童女及工匠，置局弘州。既而得西域织金绮纹工三百余户，及汴金织毛褐工三百户，皆分隶弘州，命镇海世掌焉。"[4] 如上所提"西域"，指的就是中亚，元朝廷将这些织金工匠迁至各处匠局，使其专门织造纳石失以供皇室之用。从《元史·舆服志》的记载来看，元朝也是袭用前朝遗制，如冕服的制作以罗为主，辅以纳石失。元朝冕服制度一方面是对唐宋冕服制度的继承，另一方面融入了纳石失等全新元素，从而制作出能够体现蒙古特色的织物服饰——纳石失冕服。蒙古帝国凭借外力，将北方草原和西域之地的工艺技术与资源融入华夏民族的服饰体系，改变了以往织物用金的规模与局面，继而对后世服饰的面貌产生了深

---

[1] 马可波罗：《马可波罗行纪》，原为 A.J.H.Charignon 注，冯承钧译，党宝海新注，石家庄：河北人民出版社 1999 年版，第 334 页。
[2] 董晓荣：《蒙元时期蒙古族服饰中所体现的外来文化》，《西部蒙古论坛》2016 年第 4 期，第 43 页。
[3]（明）宋濂等：《元史》，北京：中华书局 2000 年版，第 1992 页。
[4] 同上书，第 1957 页。

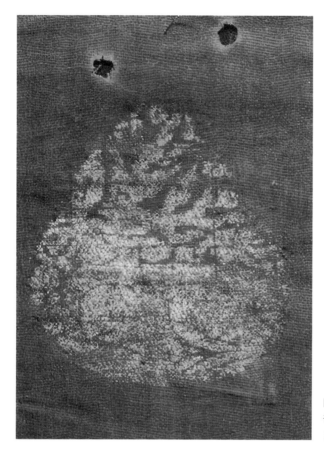

图 16-2　鹿纹妆金绢局部，内蒙古达茂旗大苏吉乡明水墓出土

远影响。

　　具体来说，纳石失的制作工艺分为两种：一种是先将黄金打制成金箔，用绵纸或动物表皮作背衬，再切割成长条的片金与丝线夹织在一起，称作"片金法"；一种是将加工好的片金搓捻、缠绕在一根芯线之外，即为"圆金法"，亦称"捻金法"。元代的织金锦实物，可见于 1978 年在内蒙古达茂旗大苏吉乡明水墓中出土的一片鹿纹妆金绢（图 16-2），采用了捻金工艺挖织出外形为滴珠窠的卧鹿纹图案。[1] 此外，1970 年在新疆盐湖古墓出土

［1］　顾群、郑茜：《中国民族博物馆研究 2014》（下），北京：民族出版社 2015 年版，第 120 页。

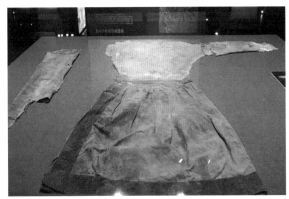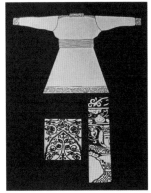

图 16-3　黄色油绢织锦边袄子，新疆盐湖元代古墓出土，右为描摹图

的辫线袍（图 16-3），也是金锦元服的典型代表。辫线袍是蒙元时期常见的一种袍服。文献中记载，辫线袍的形制与窄袖衫类似，腰间有辫线做的细褶子，又以红紫色帛制成线，横联成腰线。1978 年明水墓出土的这件袍服材质讲究，做工精良，总长 1.42 米，两袖通长 2.46 米。袍服的腰部，用钉线法绣有 54 对（108 根）辫线做束腰。每条辫线由三股丝线与金线织成，粗约 1 毫米，两条一对钉在一起，针距约 0.5 厘米，直接钉在方胜联珠宝花织金锦上，表面不露一丝针迹，天衣无缝。[1] 面料中的甲纬是采用捻金工艺制成的金线，即金箔与丝线之间未加黏合剂，加之丝线光滑，所以出土时金箔多已脱落。而在新疆盐湖古墓出土的元代辫线袍，下摆则兼有捻金和片金两种工艺，分别装饰有菩萨像和穿枝莲纹。其中，片金的金箔附在宽仅 0.5 毫米的毛皮子上，制作技艺精湛，体现了我国传统纹饰在金锦元服上的沿用。

　　元代统治者对金锦工艺发展起到很大的推动作用，其纳石失织造工坊均隶属于官府局院管辖。从事纳石失的工匠以西域工匠为主，也包括北方和江南地区的汉族手工艺人。他们当中有不少是织金锦的高手，有着祖传织金锦

[1]　夏荷秀、赵丰：《达茂旗大苏吉乡明水墓地出土的丝织品》，《内蒙古文物考古》1992 年第 Z1 期，第 115 页。

图 16-4　团窠戴王冠人面狮身像图案，采自夏荷秀、赵丰：《达茂旗大苏吉乡明水墓地出土的丝织品》，《内蒙古文物考古》1992 年第 Z1 期，第 116 页

或捻金缕的绝活，也有人深谙汉地丝绸纺织技艺。这些来自五湖四海、不同民族的工匠相互交流、共同切磋，促进了织金锦技术的飞跃，也使得其在图案样式的设计上兼具西域风情与东方传统特色。例如，在明水墓出土的织金锦袍上，有一组团窠戴王冠人面狮身像图案（图 16-4）[1]，这类有翼神兽也被称作"格里芬"，是典型的西域文化形象。此外，还有翼羊、翼牛等，都是元代常见的织金锦装饰图案。而团窠纹是唐宋时期流行的丝绸纺织物的传统纹样，这件织金锦袍上的团窠戴王冠人面狮身像融合了西域题材与中原地区的装饰图案元素，具有特殊的魅力和神秘的色彩。

元代还流行一种金锦纹饰——满池娇，其名目说法可以追溯到宋代。

[1]　夏荷秀、赵丰：《达茂旗大苏吉乡明水墓地出土的丝织品》，《内蒙古文物考古》1992 年第 Z1 期，第 116 页。

图 16-5　棕色罗花鸟绣夹衫，满池娇纹样，夹衫上刺绣的花纹图案多达 99 个，包括凤凰、野兔、双鱼、飞雁以及各种花卉纹样、人物故事等，内蒙古元集宁路故城遗址出土

南宋舒岳祥有诗《金线草》云"袅袅蜻蜓菡萏枝"，其下自注"作小荷叶，名满池娇，则缀以蜻蜓、茄叶之类浮动其上"。[1]元代的满池娇纹样描绘的也是池塘小景，是辽代"春水"题材的演变，主要景物有莲花、荷叶、水草、鸳鸯、对鸭、对鱼、蝴蝶等，意趣自然，装饰性极强（图 16-5）。元代不少文人都在诗词中提及满池娇，奎章阁大学士柯九思《宫词十五首》其十二写道："观莲太液泛兰桡，翡翠鸳鸯戏碧苕。说与小娃牢记取，御衫

---

[1]　北京大学古文献研究所编:《全宋诗》(第 65 册)，北京: 北京大学出版社 1998 年版，第 41000 页。

绣作满池娇。"[1]其自注云:"天历间,御衣多为池塘小景,名曰满池娇。"[2]
由此可见,满池娇纹样被装饰在御衣上,深受贵族的喜爱。张翥在《江神
子·枕顶》中也详细描述了满池娇的风采:"合欢花样满池娇。用心描。数
针挑。面面芙蕖,闲叶映兰苕。刺到鸳鸯双比翼,应想象,为魂销。 巧
盘金缕缀倡条。隐红绡。翠妖娆。白玉函边,几度坠鸾翘。汗粉啼红容易
涴,须爱惜,可怜宵。"[3]一幅春和景明的池塘小景跃然于眼前。在元朝
满池娇图案的织造中,常常用金线来缂织边缘。如此,上有所好,下必甚
焉,这种题材在元代得到广泛的使用和发展,流行于不同的装饰工艺中。
满池娇纹样并没有随着朝代的更迭而消失,在其后的明清两朝依然极为常
见,可见其不凡的魅力。

[1] 章荑荪选注:《辽金元诗选》,上海:古典文学出版社 1958 年版,第 186 页。
[2] 同上。
[3] 唐圭璋编:《全金元词》,北京:中华书局 1979 年版,第 1016 页。

第十七章

衣冠禽兽

　　我国自上古就形成衣冠社会的显著特征，诸如，"黄帝、尧、舜垂衣裳而天下治"[1]，以服饰体系来构成社会政治的管理秩序。"垂衣裳"作为"天下治"的前提，具有较强的象征性。自上古帝王"垂衣裳"治理天下后的两千余年历史中，周公制礼作乐，尤其是确立与之相应的十二章纹服饰制度及礼乐制度，宣示了华夏族文明特有的衣冠社会的到来。许多与衣冠连用的俗语或成语出现，如"一君二臣"（一个裤腰，两只裤筒）、"一领二袖"与"一官（冠）二吏（履）"，还有借服色"青、赤、黄、白、黑"寓五方正色，以及"上衣下裳"为乾上坤下之说等。故而，《春秋左传正义·定公十年》中说道："中国有礼仪之大，故称夏；有章服之美，谓之华。"[2]礼仪冠服成为华夏文明的真实含义。

　　我国自古形成的衣冠社会对服饰穿戴始终法度森严，就像梨园那句行话："不怕穿破，就怕穿错。"社会各个阶层重视衣冠，上至王公贵族及朝廷官吏、士大夫等社会名流自不必待言，下至社会三教九流也必有讲究。比如，周人贱视商贾之人，不准其穿绫罗绸缎。魏晋时期《傅子·检商贾》的作者傅玄就十分鄙视商人，"其人可甚贱，而其业不可废"[3]，而受鄙视的商人，双脚竟不能穿同样的鞋。又如，古时要求地位低下的妓女只能穿裤装，而不能随便穿裙。但到了明代这种情况有所改观，《金瓶梅》中的妓女着装十分妖媚，包括袄衫、裙裤、高底鞋，且做工精致，价格不菲。妓女头梳假髻，有眉勒、钗钿、珠子箍儿等头饰，还有钏镯、戒指、耳环、金玉"坠领"、禁步等配饰，俨然上流社会人士的打扮。如其第五十九回说到的郑爱月，上穿白藕丝对衿仙裳，下着紫销翠纹裙，脚踏一双红鸳凤嘴鞋。

　　依此来看，衣冠如若上升到朝廷官仪，确实不能马虎。按照古制，朝廷

————————

[1]　冯国超译注：《周易》，北京：华夏出版社 2017 年版，第 390 页。

[2]　《十三经注疏》整理委员会整理：《十三经注疏·春秋左传正义》，北京：北京大学出版社 1999 年版，第 1827 页。

[3]　〔晋〕傅玄撰，刘治立评注：《〈傅子〉评注》，天津：天津古籍出版社 2010 年版，第 21 页。

图 17-1　缂丝十二章福寿如意衮服复制品

官员的衣品需要依等级而定，其朝服不但色彩有异，而且纹饰也各不相同。飞禽、走兽乃古时官员规范衣服品级的纹饰，如是，"衣冠禽兽"之语呼之欲出。据明清两朝正史中的《舆服志》记载，文官绣禽，武官绣兽，任何人不得擅自逾越。衣冠上的禽兽自然与文武大臣的品级一一对应。明代朝服自洪武十六年（1383）始定衮冕制，至洪武二十六年（1393）、永乐三年（1405）又分别做过补充修订，明令衮冕形制承袭周秦汉唐古制。与之配套的衮服（图17-1），按《明史·舆服志》记载，则由玄衣、黄裳、黄蔽膝、素纱中单、白罗大带、赤舄相配构成。与之相应，洪武二十四年（1391）又定制出官员朝服，明确穿着规制：文武官员凡常朝视事所着公服包含乌纱帽、团领衫、束带（图17-2）。明代《大学衍义补》卷九八又有注解："我朝定制，品官各有花样，公、侯、驸马、伯绣麒麟白泽，不在文武之数。文武官一品至九品，皆有应服花样，文官用飞鸟，象其文彩也，武官用走兽，象其猛鸷

图 17-2　明代官员常服，明人画许南凤朝服像局部

也。"[1] 具体言之，文武官员的衣服品级如下：文官一品绯袍，绣仙鹤；二品绯袍，绣锦鸡；三品绯袍，绣孔雀；四品绯袍，绣云雁；五品青袍，绣白鹇；六品青袍，绣鹭鸶；七品青袍，绣鸂鶒；八品绿袍，绣黄鹂；九品绿袍，绣鹌鹑。武将一品、二品绯袍，绘狮子；三品绯袍，绘老虎；四品绯袍，绘豹子；五品青袍，绘熊罴；六品、七品青袍，绘彪；八品绿袍，绘犀牛；九品绿袍，绘海马。至此，明代朝服规制趋于完善，而其所凸显的以禽兽纹饰为装缀的补子，也绣嵌于所有官员朝服的前胸和后背，成为明代官服的一大特征。不过，以上规定并非绝对，有时也略有变化。

补子的形成或许与武则天按照袍纹来判定品级的制度有关。史载，在女皇武则天掌朝之前，朝廷官服多采用佩印绶制和色制，就是按照佩饰的数量和服装的颜色等划分官员的等级。武则天开始把绣着动物纹样的衣袍赐给文武百官，以此区分官员的品级官位。这种规制让人们通过朝服便可得知官员等级。《太平御览》卷六九二引《唐书》记载："武后出绯紫单罗铭襟背袍以赐文武臣，其袍文各有炯戒：诸王则饰以盘石及鹿，宰相饰以凤池，尚书饰以对雁，左右卫将军饰以麒麟，左右武卫饰以对虎。"[2] 明代的君主专制制度

[1]（明）邱濬:《大学衍义补》（中），北京：京华出版社 1999 年版，第 838—839 页。
[2]（宋）李昉编纂，任明、朱瑞平、聂鸿音校点:《太平御览》（第 6 卷），石家庄：河北教育出版社 1994 年版，第 435 页。

更为严格，对服饰的颜色及衣装上的纹饰细节都有要求。因其前胸及后背缀有用金线和彩丝绣成的补子，故称补服。通常文官绣鸟，武官绣兽，各品补子纹样的尺寸和色泽都有规定。明代补子的尺寸通常为边长 40 厘米的正方形，清代补子尺寸减小，一般为边长 30 厘米的正方形。清代张廷玉等人修撰的《明史·舆服志》具体记载了其补子（"胸背"）花样："二十四年规定，公、侯、驸马、伯的常服，绣麒麟、白泽图案。文官一品绣仙鹤，二品绣锦鸡，三品绣孔雀，四品绣云雁，五品绣白鹇，六品绣鹭鸶，七品绣鸂鶒，八品绣黄鹂，九品绣鹌鹑；不入品级的其他官吏绣练鹊；监察执行法纪的官员绣獬豸。武官一品、二品绣狮子，三品、四品绣虎豹，五品绣熊罴，六品、七品绣彪，八品绣犀牛，九品绣海马。又下令有品级的官员常服采用多种纻丝、绫罗、彩绣。"[1] 清代官服上的补子图案（图 17-3）基本上沿用了明代的，只有个别品级的补子图案略有改易。

照理说，无论是皇帝与王公贵族之类的冠冕衮服，还是官员的与其品级对应的服饰，都是朝纲《舆服志》所定规制，本无悖理流言。然而，针对官员所穿官服的种种议论，却成为晚明坊间广为流传的一句带有贬义的"切口"，而且持续发酵，进而将明初颇有令人羡慕味道的服饰专用成语"衣冠禽兽"，演绎为带极度贬损之意的话语。这一词语翻卷成凶悍的诨语，实在是一个隐藏在衣冠社会背后值得关注的话题。

谁都知道，用今天的话来看，"衣冠禽兽"属于骂人不带脏字且义愤填膺、语气极重的话语。非万不得已，很少有人会用其指责他人，或是强加于人。"衣冠禽兽"往往用来斥责那些道德缺失、为人不端的无耻之徒，历史事实可以佐证。明朝中晚期，社会的语言环境发生了变化，实在是充满乌烟瘴气的宦官政治腐败所致。明朝中后期的一百多年间，已经无法与朱元璋开国时惕厉精进的风气相比了。尤其是正德帝朱厚照（1505—1521 年在位）、

---

[1] 章培恒、喻遂生分史主编：《明史》，上海：汉语大词典出版社 2004 年版，第 1267—1268 页。

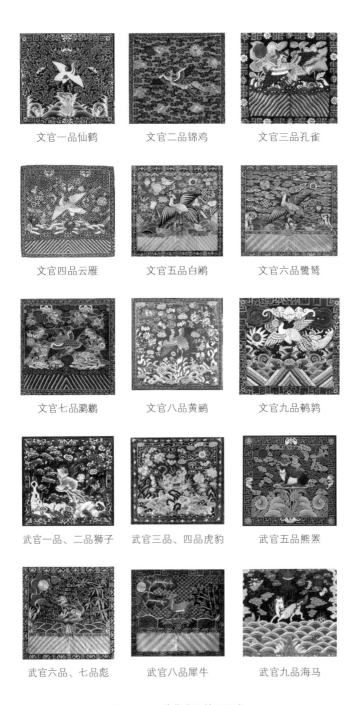

文官一品仙鹤　　文官二品锦鸡　　文官三品孔雀

文官四品云雁　　文官五品白鹇　　文官六品鹭鸶

文官七品鸂鶒　　文官八品黄鹂　　文官九品鹌鹑

武官一品、二品狮子　武官三品、四品虎豹　武官五品熊罴

武官六品、七品彪　　武官八品犀牛　　武官九品海马

图 17-3　清代官员补子图案

嘉靖帝朱厚熜（1521—1566 年在位）、隆庆帝朱载垕（1567—1572 年在位）、万历帝朱翊钧（1572—1620 年在位）这四朝皇帝在位时，朝纲糜烂，风气萎靡。据说万历皇帝好色、贪财，而且荒废朝政。由于与大臣们在册封郑贵妃和立太子的问题上存在分歧，他干脆把三十年的"罢朝"当作冷战，在宫中尽情吃喝娱乐。明朝中晚期，宦官把持朝政，政治腐败。"文死谏""武死战"的从政理念被腐败的官员完全颠覆。无论是朝廷的官员，还是外臣，每个人都处于危险之中，把保护自己放在第一位。很多官吏欺凌无辜百姓、助纣为虐，名声愈发糟糕，"衣冠禽兽"一词从一开始的褒义意味，渐渐堕落为"披着人皮的狼"。

"衣冠禽兽"的贬义之称，最早见于明末文人陈汝元撰写的《金莲记》一书："妆成道学规模。飞语伤人……人人骂我做衣冠禽兽，个个识我是文物穿窬（窃贼）。"[1] 此种语境下，"衣冠禽兽"明显是骂人的意思。以至清朝小说家李汝珍也在《镜花缘》里写道："既是不孝，所谓衣冠禽兽，要那才女又有何用。"[2] 很显然，其中的"衣冠禽兽"用来描绘虚有其表、道德败坏之人。清朝官员服饰仍然承袭了前代补服的形制，"衣冠禽兽"也切实变成了贬义词，无从更改。

其实，明朝以前专门用以斥责那些道德缺失、行为猥琐的"伪君子"的成语叫"衣冠枭獍"。枭是一种穷凶极恶的鸟儿，传说它只顾自己的死活，饥饿之时连母亲都不放过，将其吞而食之。獍，同样是个凶狠之兽，传说它周身戾气，连父亲也不放过。这两种丧心病狂的禽兽，衣着再体面，也是千夫所指，人人喊打。如早在《太平广记·诮佞》中就有提到一个叫苏楷之人："楷人才寝陋，兼无德行……皆人才寝陋，不可尘污班行……河朔士人，目苏楷为衣冠枭獍。"[3] 由此看来，"衣冠社会"背景下的"语言发酵"，确实是

［1］ 章培恒主编：《四库家藏：六十种曲》（六），济南：山东画报出版社 2004 年版，第 14 页。

［2］（清）李汝珍原著，周振甫节编：《镜花缘（节本）》，北京：宝文堂书店 1983 年版，第 233 页。

［3］（宋）李昉等编，华飞等校点：《太平广记：足本》（普及本），北京：团结出版社 1994 年版，第 1107 页。

明清社会真实腐败现象的历史写照，而在特殊社会背景和文化环境下催生而出的词汇语义，根本就是人心向背的反映。这"衣冠禽兽"的社会历史学意义还有许多话题可论。

最后，补充说明一点，明清朝服上所绣补子并非南京云锦工艺。云锦主要用于皇家服饰制作，如明代妆花纱龙袍等。明清两朝文武官员的补服，前胸和后背正中缀饰的绣有飞禽或走兽的补子属于丝筛工艺，即丝绣技巧与染工技法相互融合。具体来说，根据纹饰及面料特性，常采用缂丝、纳纱、打籽绣、拉锁子绣等多种织绣工艺。如豹纹是武三品，用打籽绣有立体感，且耐磨。而三品夫人补子及拉锁子绣，和打籽绣有相似之处，也是一个个小圆点，但圆点比打籽绣要小得多，还是以线为主，但线由一个个小点构成。可谓平凡中才见真功力，故而明清朝服补子被后世视为非遗珍品。

第十八章

满汉衣饰

　　清代是我国古代服装改变较为突出的一个时代，为何这么说呢？因为满汉文化交融使得衣着服饰更具有融合特点。虽说在清代之前，满族较少出现在我国历史版图的主流轨迹上，但其历史还是相当久远的。依据考古和文献资料来看，满族的活动轨迹最早可追溯至西周。当然，那时的满族还不叫满族，而是一个和蒙古族非常接近的游牧民族。此后，在历经较长时间的发展与演变，满族终于在我国晚近历史中成为异军突起的彪悍民族。传统游牧民族的马褂、披风等，是极为适合马背生活的服装。而居于中原地区的汉族，受其传统文化的熏陶，服饰风格讲究内敛和矜持，造就了汉族服饰大多是褒衣博带的装束，可谓是层层包裹，"冠进贤冠，带櫑具剑，佩环玦，褒衣博带，盛服至门上谒"[1]。这两种截然不同的衣着风格，在清代的历史漩涡中互相渗透，最终融会在一起。

　　起初，清朝统治者在入关后认为汉人只有同满人一样剃发留辫、穿满族服装才是真正的归顺。因此，清廷下令关内兵民剃发易服，如有不遵者会受到严惩，故有"留头不留发，留发不留头"的说法。但这项威压举措一时激起了强烈的民族矛盾，遭到各地民众的反抗。为此，明朝遗臣金之俊特向清廷建议实行怀柔政策，让满汉融合。金之俊为明万历四十七年（1619）进士，官至兵部右侍郎，降清后官至太傅、秘书院大学士，著有《文通集》二十卷，参与《四库总目》的修撰。他主张在服饰穿着上推行"十从十不从"[2]等措施，以缓解日益尖锐的民族矛盾，其建议内容解释如下：

　　一、"男从女不从"，即男子剃头梳辫子，女子仍旧梳原来的发髻，不跟旗人女子学梳"两把儿头"或"燕尾头"（清代满人称旗人，汉人称民

---

[1] 安平秋、张传玺分史主编：《汉书·隽不疑传》，上海：汉语大词典出版社 2004 年版，第 1463 页。

[2] 此处"十从十不从"参考清代徐珂《清稗类钞》中服饰类的记录。具体内容见〔清〕徐珂：《清稗类钞》，北京：中华书局 1984 年版，第 6146 页。

图 18-1　清代金昆、程志道、福隆安等《冰嬉图》（局部），绘有戴花翎、身穿朝珠补褂马蹄袖的清代官吏

人，但旗人不完全等同满人，除满八旗之外，还有蒙、汉八旗，但不占主导地位）。

二、"生从死不从"，即"生降死不降"。活着时穿旗人服饰，死后则穿明代服装，人死入殓，还是用明朝的装束。

三、"阳从阴不从"，即"生从死不从"。阴世的事，像做佛事超度之类，仍按汉族传统佛道习俗办理，不从旗人习俗。

四、"官从隶不从"，即吃皇粮办官差的人，须顶戴花翎、身穿朝珠补褂马蹄袖的清代官服（图 18-1），但隶役依旧是明朝的"红黑帽"打扮。

五、"老从少不从"，孩子年少，不必禁忌，但一旦成年，则须按旗人的规矩办。

六、"儒从而释道不从"，即"在家人降，出家人不降"。在家人必须改

图 18-2.1　明代万历孝庄皇后凤冠，北京昌平明定陵出土

图 18-2.2　清代红地织云龙纹霞帔一套，中国嘉德四季 2013 年第三十四期拍卖会

穿旗人的服装，并剃发留辫。出家人不变，仍可穿明朝汉式服装。因此，和尚、道士仍保持着传统的汉式服装。汉族服装由此变成和尚、道士的"制服"，一直延续至今。

七、"娼从而优伶不从"，即娼妓从，戏子不从。戏台上扮演的是前朝的故事，不穿前朝的服饰没法演。由此，我国大部分戏曲服饰均以明代服饰为主。

八、"仕宦从而婚姻不从"，即"男从女不从"，也是指服饰。比如男女婚嫁，新郎穿的是旗人礼服，女子则依旧穿明朝礼服，即所谓的"凤冠霞帔"（图 18-2）。

九、"国号从而官号不从"，改朝换代，明朝改清朝，但官号照抄明代的六部九卿、总督巡抚等。

十、"役税从而文字语言不从"，满人有自己的语言文字，跟汉语不同，清廷"钦定"的官方语言是满语而非汉语，不过后来汉语还是占据了主导，连旗人也不得不用起汉文、说起汉语。

由此，可以看出"十从十不从"

图 18-3　清代男子长袍马褂

图 18-4　清代深蓝色缎绣团松鹤花卉纹琵琶襟女马褂、红色缎打籽绣花蝶纹裙

的有限让步，使得明代汉族服饰得以保留些许，诸如和尚、道士衣着和古装戏曲中还能见到汉式服装的残迹。尽管如此，因清朝统治者要求剃发易服，汉服亦逐步趋于"满化"，这突出表现在男子服饰以长袍马褂为主（图18-3），女性则以旗装或仍以上衣下裳为主（图18-4）。由于剃发易服的原因，无论老少男性皆以满族服饰为主，而民间百姓所穿的常服则为大襟马褂（图18-5），一般是穿在袍服的外面。还有一种琵琶襟马褂（图18-6），多是作为男子行装。这些马褂多为短袖，袖子宽大且平直。衣服颜色大多为深色，如深红、深蓝、深灰等。另外，满族冬服十分特别，仅仅是在夏款衣服的边缘装饰了一圈皮毛而已（图18-7）。女子服饰的改变，则要慢于男子服装。汉族女性的服

图 18-5　清代蓝色漳绒团八宝大襟马褂

图 18-6　清代烟青色提花绸琵琶襟棉马褂

图 18-7　清代明黄色哔叽貂皮马褂

图 18-8　清代《雍正妃行乐图》其三，人物身着士大夫阶层女性的服饰，尤其立领盘扣和百褶裙是典型的明代后期所延续下来的款式

饰，依然是以袄裙、披风等汉族传统服装为主。满族女子则保留女真族后裔的习惯，尚武游牧，旗袍样式衣身修长，衣袖短窄。旗装剪裁简便，服用方便，且长可及足。相比之下，汉族女性在"男从女不从"的原则下仍然沿袭着上衣下裳的衣饰。

　　具体来说，清初汉族女服多为上衣下裳，满族女服则为不分衣裳的长袍。汉族女性平时穿袄裙、披风等，且上衣袖口最初很小，后来逐渐放大，到光绪末年又变回窄小，并适当露出内衣；下裳为长裙，系在长衣内。至清中期，满汉女性互相仿效彼此服饰，直至清末逐渐融合（图 18-8）。有意思的是，在"男从女不从"的要求之下，清宫后妃命妇却风行起衣承明俗的时尚，以凤冠、霞帔作为礼服。命妇所披的霞帔在宋代贵族妇女命服的基础上，只是加了一件阔如背心、中间缀上补子的外套服饰。不同的是，上面只有鸟纹，而不用兽纹，以表示女性贤淑，不宜尚武。一般女性则穿披风、袄裙。披风（图 18-9）是清代女子常穿的外套，作用与男褂相似，其款式为对襟、大袖，下长及膝。披风为低领，点缀着各式珠宝。披风内还有大襟、大袄、小袄等，小袄（图18-10）是贴身内衣，大多选用桃红、水红之类的色彩。女子的下裳多为裙子，颜色以红为贵（图18-11）。裙子的样式，清初尚保存着明代习俗，有凤尾裙、月华裙等。清末，在普通女子中间还流行穿裤。女子的装束和发饰十分多样，款式品种不胜枚举，有沪式、苏式、京式、广式、宁式、维扬式等不同的流派。

总之，清代是我国最后一个封建王朝，其舆服体系依然庞大，且规制浩繁，甚至可说是超越了以往各个朝代。特别是清廷

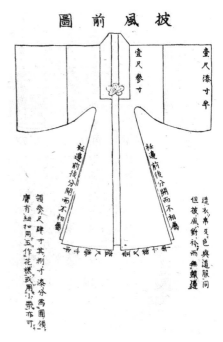

图18-9　清代披风，采自朱舜水《朱氏舜水谈绮》，文献中描述的披风为"对襟直领，制衿，左右开衩"

图18-10　清代枣红色团龙纹暗花缎小夹袄

图 18-11   清末民初红提花绸镶三蓝绣边盘金打籽人物绣马面裙

朝服，乃是清代所有服饰中等级规格最高的，占有最重要的地位。当然，不可否认在融合演变过程中，从满人入关时坚守典型的游牧服饰，并强制汉人更易服制，到满汉两族服饰融合，再到后来的西服东渐，清代服饰处于一个重大变革时期，既保留了满族的特点，又继承了汉服的形制。因循于此，清代在我国服饰史上形成了具有鲜明时代特点的服饰样貌和文化特色。

第十九章

清人穿戴

　　明清易代后，清朝竭力推行剃发易服制度。然而，有研究者根据故宫博物院所藏的康、雍、乾三代宫廷画师所绘制的皇帝、后妃、侍从的常服画像，以及外国画师描绘的清廷官员及百姓画像，发现"剃发易服"并非严格执行的限制性法令。甚而在清朝的不同时期，宫廷中还有以模仿穿戴明人"衣冠"为时尚的风气，这可以宫廷画师笔下的大量身穿明代服饰的人物画像为证。自然，我们从清初野史中获知"剃发易服""留发不留头，留头不留发"等论述，但这些带有强烈政令动员的纪实文字，很有可能与现实有些差距。[1] 但不管怎么说，清朝推行剃发易服制度是事实：顺治九年（1652）颁布《服色肩舆条例》，摒弃明代的冠冕、礼服及汉人的一切衣饰，仅允许有条件地延续明代衣饰的图案纹样。

　　具体言之，在清朝颁布的《服色肩舆条例》当中，要求朝臣男性必须剃光前颅头发，仅留颅顶后的头发，编成一根辫子，穿瘦削的马蹄袖箭衣、紧袜、深统靴。如是，官员服饰穿着的一套严格制度逐渐形成。官员要根据品级穿戴补服、顶戴、花翎、朝珠等服饰及配件，各级王公大臣及官员的日常穿戴也同样受到制约。按照清朝的规章，每年季节更替之时都要发布公告，且各衙门接到通知后，官员必须及时更换服饰。春天穿夹朝衣（图 19-1），秋季穿缘皮朝衣（图 19-2），御冬更换朝冠服，乃至细化到每年十一月朔至上元，冠用黑狐，服用海龙缘及表面加紫貂，袖端用熏貂并穿端罩（图 19-3），来年三月十五日或二十五日，则用御夏冠服（图 19-4）。无论是帝王或皇后嫔妃、王公贵族，还是文武百官均要求按照这样的服制穿戴。

　　对于祭祀仪式中的穿戴，清朝更是隆重。自然，皇帝要穿龙袍，王公以下陪祭的执事官员都要穿合规制的朝服相随（图 19-5）。此外，也有要求穿着吉服的场合。每年的元旦、冬至、万寿三大节朝贺，王公贵族和文武百官

---

[1]　参见鱼宏亮：《发式的政治史：清代剃发易服政策新考》，《清华大学学报（哲学社会科学版）》2020 年第 1 期。

图 19-1 清代乾隆时期的蓝色缎绣彩云金龙夹朝袍，此件为皇帝礼服，穿用于冬至圜丘坛祭天、祈谷、雩祀等重大祭祀场合

图 19-2 清代康熙时期的明黄地彩云金龙妆花缎貂皮朝袍，此件为康熙皇帝冬季所穿

图 19-3 清代明黄江绸黑狐皮端罩，此件为皇帝冬季穿在朝袍外面的礼服

图 19-4 清代康熙时期的黄色金龙妆花纱男朝袍，此件为康熙皇帝夏季所穿

图 19-5 清代《雍正帝祭先农坛图》（上卷局部），画面中有众多身着朝服的官员，几十名侍卫围成半圆形，簇拥着缓缓前行的雍正皇帝

图 19-6　清代元青绸缀纳纱二方补绣鹭鸶
补服，此件为文六品官服

图 19-7　清代乾隆时期的深绛色缂丝袷纱蟒袍，
此件为贝勒吉服

同样都要穿朝服。外官到任、开印、封印、祭祀等重大事件发生时，也都必须穿朝服。但下属拜访上级官员，却不能够穿朝服，穿补服（图 19-6）即可。蟒袍（图 19-7）在清代比较特别，又叫作花衣，各级官员都有穿蟒袍的习俗，到了万寿、上元、年节等喜庆节日，官员们都要穿上蟒袍。清代皇帝服饰的形制非常多样，包括朝服、吉服、常服、行服等。但这些衣服的基本形式都是披领和上衣下裳相连的袍裙搭配穿着，上衣衣袖由袖身、熨褶素接袖、马蹄袖三部分组成；下裳与上衣相接处有襞积，其右侧有正方形的衽，腰间有腰帷。而披须（又名披肩、扇肩）、马蹄袖（又名箭袖），则是清代朝服的一大特点（图 19-8）。朝服常见黄色，冬朝服在祭祀、祈谷时用蓝色，朝日时用红色。夏朝服在常雩（求雨）、祭祀时用蓝色，夕月时用月白色，即浅色蓝。朝服常用龙纹及十二章纹样装饰，主要承自周代礼仪。朝袍前胸、后背及两臂各绣一条正龙，腰帷绣五条行龙，襞积处前后各绣九条团龙，袖端各绣一条正龙，下裳绣两条正龙、四条行龙，披肩绣两条行龙，可谓"龙"纹满身。据文献记载，清代龙袍有绣九条龙的惯例。但从实物来看，多半前后只绣有八条龙，与文字记载不符。那么，为何缺一条龙呢？有人认为，缺的那一条龙正是皇帝本尊。实际上这条龙并不是不存在，而是

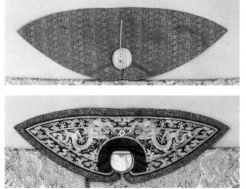

图 19-8 清代乾隆时期的明黄色缎绣金龙朝袍、披须、马蹄袖，此件为皇帝礼服

图 19-9　清代乾隆时期的香色缀绣八团夔龙牡丹单袍，此件为嫔夏季穿用的吉服袍

"绣"在衣襟里面，不常被人见到。如此说来，每件龙袍实际上还是"绣"着九条龙。但若是从正面或背面单独看时，见到的只有五条龙，这象征了"九五之尊"。另外，龙袍的下摆，斜向排列着许多弯曲的线条，名为"水脚"。水脚上面是翻腾的水浪，水浪之上则是山石宝物，俗称"海水江涯"，除了表示绵延不断的吉祥之意，还有"一统山河"和"万世升平"的美好愿望。

皇后的日常服饰与满族贵妇的大同小异，基本都是圆领、大襟，且在衣领、衣袖及衣襟边缘，都装饰着宽幅花边，不过图案不太一样（图 19-9）。例如，"凤穿牡丹"寓意富贵，象征美好、光明与幸福，而且是传统的吉祥图案。在古代传说中，凤为鸟中之王，牡丹为花中之王。如此，八只彩凤被绣在蓝色的缎地上，彩凤之中还有数朵牡丹。牡丹素雅庄重，色彩丰富多变，而凤则极尽艳丽，红绿对比强烈，这是传统风格的典型样态。

清朝的官吏在行礼的时候，要把马蹄袖放下来，左手的先放下来，然后再将右手的拿下来。端罩、冬朝服的领子，以及裳、外褂、马褂的皮毛要外露，因为所有的皮毛都是给高官贵族们准备的，而且大都是用名贵的动物，如玄狐、海龙、猞猁狲、紫貂等。有趣的是，皇族子弟的官袍都是四开衩，其他官员则是穿两开衩的衣服。补服的补子，除亲王、郡王能用圆形的外，其他人均用正方形补子。汉族命妇的补子在光绪中期之后变为圆形，但是这

图 19-10　清代白玉翎管鎏金水晶官帽，上海嘉泰珍瓷古董专场 2013 春季艺术品拍卖会

样的事例很少见到。宗室、觉罗因罪被罢免的，子嗣可佩戴红带子、紫带子。也就是宗室被革职的人，从原先的黄带子变成红带子，而觉罗则由红带子变成紫带子。嘉庆、道光两朝，道士、知府首次赴省府拜见督抚，按规矩是要穿蟒袍补服，若督抚第二天免除蟒袍，就只穿补服。通常情况下，长袍外面要穿上褂，不过在炎热的天气里可以不穿外褂，这就是免褂时期。[1]

　　清代官服主要是长袍马褂的形制。与明代相比，清代官帽完全不一样，军士、差役以上军政人员戴类似斗笠但要略小些的纬帽，冬季戴暖帽，夏季戴凉帽。根据不同的品级，帽子上装有不同颜色、材料的"顶子"，后面还安有一束孔雀翎毛（图 19-10）。翎也叫"花翎"，高级的翎上有"眼"（羽毛上的圆斑），还分为单眼、双眼、三眼，眼越多越珍贵。只有亲王或功成名就的大臣才有机会得到帝王的赏赐，戴上有眼的翎毛。氅衣是清代女性

[1]　关于清代朝服，参见《清史稿·舆服二》，以及雍正十年校刊《大清会典》、乾隆五年敕撰《大清律例》、乾隆二十九年敕撰《大清会典·会典则例》、乾隆三十一年校刊《皇朝礼器图式》等。

图 19–11　清代光绪时期的明黄色绸绣葡萄夹氅衣

日常的服装，它的样式和衬衫差不多（图 19–11）。衬衫为圆领、右衽、捻襟、直身、平袖、无开气的长衣，氅衣的两边则都是敞开的，一直延伸到腋下，开衩顶部一定会饰有云头，上面的花纹很漂亮，边缘的镶滚也很精致。其图案种类很多，而且各有不同的象征意义。到了咸丰、同治年间，京城中的名门淑女们衣服上镶滚花边的道数与日俱增，有的竟有十八道之多，被称为"十八镶"，到民国时期还继续盛行。

第二十章

改良旗袍

　　张爱玲小说《更衣记》开篇写道："如果当初世代相传的衣服没有大批卖给收旧货的，一年一度六月里晒衣裳，该是一件辉煌热闹的事罢。你在竹竿与竹竿之间走过，两边拦着绫罗绸缎的墙——那是埋在地底下的古代宫室里发掘出来的甬道。你把额角贴在织金的花绣上。太阳在这边的时候，将金线晒得滚烫，然而现在已经冷了。"[1]《更衣记》几乎从清朝写到五四，这一阶段中国女性服饰发生了根本性的变化，那是由"传统"到"现代"的历史变革。

　　随着封建制度的消亡，大量新思想涌入中国，人们的日常生活发生了极大的改变。女性服饰异彩纷呈，愈加多样化。其中最具代表性的便是旗袍，它最先在知性女士中流行起来。张爱玲认为旗袍之所以流行，因为它是新时代女性追求男女平等的标志。然而，民国初年的旗袍依然"严冷方正"，有着明显的清教徒式风格。之后，伴随着"新政"推行，改革婚姻陋俗、禁缠足、兴女学，女性社会地位发生变化，主动提出要改变服饰的形制，上海十里洋场的时髦女性皆流行穿改良旗袍，改良旗袍将女性的身体曲线体现得淋漓尽致。

　　所谓"改良旗袍"，虽源自清代旗人之袍，但与后者的风格迥异。旗袍的改制经历了"经典旗袍"到"改良旗袍"两个阶段。第一个阶段主要采用中式直身平裁，还结合了西方的开省道等工艺，旗袍因此更加修身。省道工艺源自欧洲，早在13世纪末欧洲人便开始在服装裁剪中用省道，使服装更加合体。民国时期开省道裁剪的方式开始流行起来，改良旗袍的新结构和新样式由此呈现。第二个阶段虽保留了旗袍的基本款型，但韵味截然不同，以西式裁法为主，装袖、装垫肩和拉链等工艺使旗袍更加时尚和性感。由此，改良旗袍成为大批追逐时髦的女性的心头好（图20-1）。

　　20世纪30年代的改良旗袍将女性优美的体态展露无遗，这一款式趋

---

[1]　张爱玲：《张爱玲典藏全集3散文卷一1939—1947年作品》，哈尔滨：哈尔滨出版社2003年版，第45页。

图 20-1.1　卷云纹绸倒大袖旗袍

图 20-1.2　鹅黄色方格卷草纹提花绸
侧开立领倒大袖旗袍

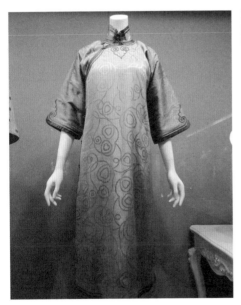

图 20-1.3　卷云纹绸倒大袖旗袍

图 20-1.4　穿倒大袖旗袍的女子

图 20-2.1　李安电影《色·戒》中的汤唯

图 20-2.2　王家卫电影《花样年华》中的
张曼玉

于稳定，并在沿海各大都市流行开来。张爱玲笔下穿旗袍的女子姿态各异，或娇艳妩媚，或哀怨冷艳，她多是依据改良旗袍的样式来描写的。比如，小说《色·戒》一开头，就给了王佳芝一段近乎细碎的时装秀描写，"电蓝水渍纹缎齐膝旗袍，小圆角衣领只半寸高，像洋服一样。领口一只别针，与碎钻镶蓝宝石的'纽扣'耳环成套"[1]。在李安的同名电影里，汤唯将这一装束展现无遗，几乎完美地体现出东方女性的美态。汤唯身着改良旗袍，凸显出腰际线的美，笔挺的装束看起来精神百倍，且又有古装遗韵（图 20-2.1）。影片《色·戒》中共出现了 27 件改良旗袍，把旧时上海女子的风情展现在观众面前，上海这座城市彼时的风华也因此重现。另外，说起民国时期的改良旗袍，王家卫的华丽影片《花样年华》自然拥有一席之地，张曼玉在影片中演绎的 23 件"旗袍秀"（图 20-2.2），可谓精彩绝伦，始终吸引着观众的视线。留声机响起，观众仿佛回到 20 世纪 30 年代恍若隔世的前尘往事之中，旗袍与旧时光的明媚女子给人无限遐想。

清代旗装与民国改良旗袍的主要差异可以归纳为四点：第一，旗装将身体藏在其中，特别是晚清的旗装大多宽阔肥大、版型平直；民

---

[1]　张爱玲：《惘然记》，广州：花城出版社 1997 年版，第 52 页。

国改良旗袍则是收腰开省的形制，展现出身体曲线（图 20-3）。之所以出现这种差异，与两个时代的观念有关。清人的旗装是封建社会礼法森严的观念体现，服饰表达较为含蓄，因而旗人女性的身形往往被隐藏在层层衣衫之下。民国时期，西方新思想传入中国，新女性要求解放身体，改良旗袍随之产生而大受欢迎。第二，旗人女性的袍子里面常穿着长裤，有时袍子下面还会露出带有刺绣的裤脚；民国改良旗袍则在内里搭配短式衣裤，并且女性穿着丝袜，开衩处腿部若隐若现。从衩下露裤到衩下露腿的变化，

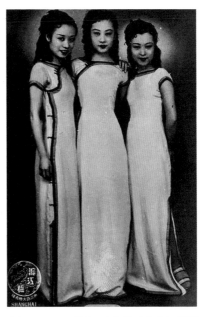

图 20-3　20 世纪 30 年代《良友》画报上穿着"扫地旗袍"的民国女性

可以看出不同时期观念的变化。民国时期有的改良旗袍的衩开得几乎高至臀下，并且把腰身裁剪得极为紧窄，双腿从开衩处隐约露出，观者只觉轻盈自在，可见当时对女性衣着行为的约束极大地降低了。第三，旗人之袍多为厚重的提花织物，装饰华丽烦琐；改良旗袍则多采用轻薄的印花面料，装饰朴素简洁。此外，旗人之袍好用花边装饰，甚至到了无处再加装饰的地步。民国改良旗袍则主要依靠面料纹样作为装饰，去繁就简，省去了镶滚等繁复装饰。第四，旗人之袍有着鲜明的等级制度，穿着要求依古制；民国改良旗袍则趋向大众化、平民化，不再过分强调等级身份，仅是代表个人消费能力和审美取向的衣着装扮。总之，民国改良旗袍已经显露出女性的曲线美，甚至出现了欧陆风情的改良旗袍，这种"奇装异服"在 1929 年被国民政府确定为国之礼服，可见其有多受时人的爱好。

　　20 世纪二三十年代，在上海掀起了改良旗袍的流行热潮，无论是社交

图 20-4　胡蝶的旗袍形象

名媛还是高知女性，无论是演艺巨星还是平民百姓，很少有女性不热衷于改良旗袍。究其原因，主要有两点：一是沪上名媛产生了服饰西洋化的设计需求；二是经过裁缝的巧手，上海的改良旗袍款式、衣料、花色变化多端，将海派风情展露无遗。张爱玲笔下的改良旗袍就有多种类型，有织锦缎丝的，有稀纺袍面的，有镂金碎花的，还有黑平缎高领无袖的，有华丽高雅的，有轻盈妩媚的，等等。旧时上海的改良旗袍早已深深地烙印在世人的记忆里，岁月的遗韵、流年的陈香、生动的苦涩，仿佛都能真真切切地被嗅到。

　　至于说到改良旗袍的爱好者，当数民国影星胡蝶（图 20-4），并有胡蝶旗袍推出。在成名电影《姊妹花》中，她一人饰两角，将两个身份悬殊、性格各异的女性演绎得鲜活生动。影片中她身着各式改良旗袍，这些旗袍对于胡蝶塑造形象和角色功不可没。由于影星和名媛的特殊身份，她一直出现在大众的视野中，受人迷恋与喜爱，成为大众追捧的对象。胡蝶曾代言过服装以及其他商品，广告里的她常穿着一身改良旗袍，婀娜多姿，丰润妩媚。她对于大众无疑具有时尚示范的作用，也在迎合大众的消费需求。创刊于1948年的《展望》周刊是中华职业教育社创办的一份教育刊物，但为了满足消费者的需要，也曾将胡蝶作为《展望》的封面女郎推出。在胡蝶与第二届奥斯卡金像奖影后玛丽·碧克馥的合影（图 20-5）中，胡蝶身着改良旗袍，外套披肩大衣，这是 20 世纪三四十年代上海名媛的典型装束。胡蝶最爱短式的改良旗袍，其长度约到膝盖下一点，袖子在肘上，露出小腿和小臂。她喜欢在短旗袍的下摆处做一个长三四寸的蝴蝶褶衣边，袖口处也做这种蝴蝶褶，因"蝴蝶"与"胡蝶"谐音，这款旗袍也被称为"胡蝶旗袍"。

继胡蝶之后民国年间的另一位著名"影后"周璇，也钟爱修身剪裁的改良旗袍，她扮演的绝色丽人成为一个时代都

图 20-5　1933 年，好莱坞著名女星玛丽·碧克馥来到上海访问，与胡蝶合影

市独立女性的象征，而她的扮相也与改良旗袍完美结合。在极为彰显气质的旗袍装束下，周璇的淳朴、健康、活泼不同于过去流行的柔弱、纤细的女性病态美，其释放出的自然美更成为周璇扮演的新女性的风情所在。镜头中的周璇穿着端庄优美的深色旗袍，在领口、袖口以及裙身上点缀精致的刺绣，凸显优雅、低调、大方的独特气质。而旗袍的修身剪裁突出了身体的曲线美，这是新女性的极大魅力，更接近大众审美所接受的形象。在影片《马路天使》中，周璇饰演的女主角小红身着旗袍，显现出其特有的单纯、质朴、善良，征服了观众（图 20-6）。我们可以用"旖旎摇曳，沁入人心"来形容那些黑白影像中周璇一直以来的纯美气质。依此，我们不难发现在 20 世纪

图 20-6　电影《马路天使》中的周璇

30 年代末，改良旗袍引入西方开省道裁剪工艺后更加合体修身，比如紧身无袖旗袍时髦摩登，光裸的腿部在旗袍前摆下部开着小衩的缝隙里若隐若现，性感妩媚。而同时期，杭穉英所描绘的大量琵琶美女月份牌中的女子也是身着无袖长摆旗袍，与周璇剧照中的旗袍款式如出一辙。由此可见，周璇不仅是万众瞩目的电影明星，同时还走在时尚前沿，并且极好地迎合了大众的审美意趣。

第二十一章

中山国服

　　"中山国服"有段历史渊源值得述说：1895 年 10 月孙中山领导第一次广州起义失败后，为谋求革命运动的继续发展，从广州辗转到澳门，又经香港抵达日本神户、横滨，策划成立兴中会分会。年底，孙中山在横滨立志剪辫子、改服装，彻底抛弃清朝服制，改穿西装和日本新式服装。孙中山与清朝决裂，崇尚新思想、新科学、新文化，积极投身革命活动。

　　关于中山装改制设计的渊源，有多种说法。一是日本同义昌说[1]，指孙中山在日本横滨结识"同义昌"洋服店的宁波裁缝师傅张方诚，要求他参照日本学生装[2]、士官服的样式裁缝中山装。孙中山希望这款服装能够融入西装造型特点和裁剪技术，但同时要结合中国传统服饰文化。根据孙中山的设计构思，中山装确定了前衣襟的五粒扣子、四个口袋、三粒袖扣以及胸前袋盖的倒笔架造型，每个细节都有其特定的文化内涵。一是越南黄隆生说，指孙中山在广州任革命大元帅时，开始着手针对传统男子服饰的改革，1902 年 12 月他在越南河内筹组兴中会分会时，结识了开洋服店的广东裁缝师傅黄隆生，商议改制服饰。黄隆生 1923 年随孙中山在大元帅府任事，此时孙中山提出创意，要求他参考西洋猎服（图 21-1）和日本士官服的式样，并结合当时南洋华侨中流行的"企领文装"的衣领，以及学生装风格改制服装。在黄隆生的协助下，缝制了一款既有中国文化风格，又有开明开放精神的新式中装。后经孙中山提出修改意见，确定为五粒身扣、三粒袖扣、袋盖倒笔架的款式。[3]一是上海荣昌祥说，指孙中山从欧洲游

---

[1]　参见季学源、陈万丰主编：《红帮服装史》，宁波：宁波出版社 2003 年版，第 57 页。其中引述道："孙中山曾借黄兴等革命同志在工作之余常去张氏的同义昌呢绒洋服店，将创制中国新服装的意图托付给张方诚等服装界的华侨。这批在日本服装界颇负盛名的裁缝，根据孙中山、黄兴等人的意见，采用西装造型和制作技术，参照日本学生装、士官服的改革思路，融入中国的服饰文化传统，根据中国人的体形、气质和社会生活新动向，试制了初期的中山装：直翻领、胸前 7 粒纽扣，4 个口袋，袖口 3 粒纽扣，经孙中山先生试穿，得到了各方面人士的肯定。"此说录以备考。

[2]　《良友》画报 1926 年 11 月号为《孙中山先生纪念特刊》，刊登孙中山生平照片，并以"先生喜欢中山装，今咸称为中山装"为标题给予专题介绍。

[3]　尚明轩主编：《孙中山的历程：一个伟人和他的未竟事业》，北京：解放军文艺出版社 1998 年版，第598—599 页。

历回到上海，在南京东路西藏路口的荣昌祥呢绒西服号定做一套直翻领四贴袋服装。孙中山主张此款服装的袋盖要设计成倒山形笔架式，纽扣为五粒。[1] 荣昌祥呢绒西服号乃奉帮（红帮）裁缝王才运与同乡合伙创办，故而有中山装出自当年上海滩的奉帮（红帮）裁缝之手一说。[2] 现存最早的孙中山穿中山服的照片，应是他1922年任陆海军大元帅在广东谋划北伐时所拍摄的。[3]

前述讨论充分说明在20世纪20年代末，中山装仍未普及，

图 21-1　孙中山 1924 年在上海穿着英国猎服留影

---

[1]　叶亚廉、夏林根主编:《上海的发端》，上海:上海翻译出版公司1992年版，第336页。

[2]　1927年3月26日《民国日报》上刊登了红帮裁缝开创"荣昌祥号"广告照片，图片说明写道:"民众必备中山装衣服。式样准确，取价特廉。孙中山先生生前在小号定制服装，颇蒙赞许"。

[3]　除影像史料之外,1929年《北洋画报》中刊登一篇妙观撰写的《中山装之起源》:"昨晤自南来某要人，为述民党制服之起源，始恍然于所谓代表三民五权等说，均属牵强误会。某之言曰:'昔先总理在粤就大元帅职后，一日，拟检阅军队，欲服元帅装，则嫌其过于隆重不适于时，西服亦无当意者，正检阅行箧中，得旧日在大不列颠时所御猎服，颇觉其适宜，于是服之出，其后百官乃仿而制之，称之曰中山装，至今式样已略有变更，非复先总理初时所服者矣。'云云。某君随侍中山多年，其说当不虚也。"参见妙观:《中山装之起源》，《北洋画报》第7卷总第318期，1929年5月14日。

尚处在推广之中。1927年4月国民政府成立，定首都为南京，政治中心南移，中山装得到逐步推广。1928年12月，张学良东北易帜时穿上了中山装，宣誓就任东北边防司令长官。之后，中山装被明确为男公务员的"制服"[1]，并逐渐普及开来。[2]不管如何说，辛亥革命之后，中山装的设计制作体现了当时提倡人人自由平等，反对特权，尤其是反对封建帝制的变革思想，因此中山装的流行也代表着服装平等化观念的形成。

从多份历史文献来看，试制中山装的每个细节都有其特定的新文化内涵。毫无疑问的是，中山装为孙中山亲自改制设计的。只是早期的中山装背面有缝，后背中腰有带，前门襟钉有九粒纽扣，上下衣袋均有"胖裥"。现今大家见到的款式是逐步演变成的，即关闭式八字形领口，装袖，前门襟正中有五粒明纽扣，后背整块无缝（图21-2）。据说，这种设计是孙中山根据《易经》及其在周代定型的礼仪寓意而确定的。比如，依据国之四维（礼、义、廉、耻）而在上衣前身设四个口袋。后又依据民主共和体制的五权分立、国之四维、三民主义和中国革命需要知识分子参与等理念，

---

[1] 1928年3月，国民党内政部要求部员一律穿棉布中山装（参见《薛内长的谈话》，载《中央日报》，1928年3月28日）；同年4月首都市政府"为发扬精神起见"，规定职员"一律着中山装"（《地方通信·南京》，载《中央日报》，1928年4月9日）；1929年4月，国民政府第二十二次国务会议决议《文官制服礼服条例》规定，"制服用中山装"（内政部年鉴纂委员会：《内政年鉴》第4册，上海：商务印书馆1936年版，第F13页）。中山装经国民政府明令公布而成为法定的制服。至此广东、江西以及江苏等地区开始推行中山装（《粤提倡国货国货中山装》，载《中央日报》，1930年3月26日）；南京特别市政府规定"办公时间内一律穿着制服"（《生活化军事化生产化艺术化推行第一期工作计划》，见首都新生活运动促进会编印《首都新生活运动概况》，1935年版，第14页）；江西省政府颁布《江西省公务员制服办法》，中山装成为全体公务员的统一着装，规定"制服质料，以本省土布或国货布匹为限"，"春秋两季灰色冬季藏青色"（《赣省府研究整齐公务员服装拟一律中山装》，载《中央日报》，1935年9月9日；新生活运动促进会编印《民国二十四年全国新生活运动》[上]，1936年版，第317页）。

[2] 1927年后的中国是一个党治国家，在确立三民主义教育宗旨后，中山装也逐渐成为各级学校师生的统一制服。1936年，国民政府教育部专门规定："学校教职员服中山装为原则，但颜色式样须一律。"（《教育部订定的高中以上学校军事管理办法》[1936年1月]，见《中华民国史档案资料汇编》，第五辑第一编教育[二]，第1314—1316页）国民党通过中山装将学生进一步纳入三民主义党化规训体系之中。为进一步引导和规范人们的服装，国民政府又规定集团结婚的礼服为中山装。随着蒋介石倡导新生活运动，集团结婚在全国各地广泛开展，中山装作为婚礼礼服，在社会上的影响日益增强。1942年2月，湖南省新生活运动促进会制定的《湖南省新生活集团结婚办法》第五条规定："新郎穿蓝袍黑褂或中山装。"（谢世诚等：《民国时期的集团婚姻》，载《民国档案》，1996年第2期）抗战胜利后集团结婚在城市依然盛行，许多地方政府"规定新郎必须穿中山服"（《双十佳节集体婚礼》，载《中央日报》，1946年9月18日）。

改成前衣襟有五粒扣子、四个口袋、三粒袖扣，胸袋盖成倒笔架型。很显然，中山装是在西装基本款型基础上糅合我国传统文化而设计的，垫肩收腰，整体廓形均衡对称、稳重大方。中山装穿着简便、实用，既可作为礼服，又可作为日常便服，经孙中山亲自带头并大力提倡推广后，成为民国初年举国崇尚的服装，革命党人都以身穿中山装为荣。1929 年4 月，国民政府国务会议上颁布《文官制服礼服条例》，正式将中山装定为政府制

图 21-2　中山装线稿

服。[1] 该条例进一步修改了中山装的款式规制，并赋予新的含义。条例还规定文官宣誓就职时，一律穿中山装，以表示遵奉先生之法。至此，中山装被世人公认为"国服"[2]。

---

［1］　1929 年 4 月，国民政府第二十二次国务会议议决，颁布《文官制服礼服条例》，规定"制服用中山装"（参见内政部年鉴编纂委员会：《内政年鉴》第 4 册，上海：商务印书馆 1936 年版，第 F13 页），至此中山装经国民政府明令公布后成为法定的公务员制服。
［2］　民国时期有歌谣传唱道："清朝末年到民国，衣服式样有变更。中山装，称国服，一般穿的是对襟。"参见《裁缝工歌》，载《中国歌谣集成·湖南卷》，北京：中国 ISBN 中心出版社 1999 年版，第 181—182 页。

【知识链接】

剪辫、易服之制   古代汉族男子束发于顶，身穿宽袖袍服。清兵入关，强令男子剃发蓄辫，统一穿长袍马褂，后来辫子被外国人贻笑为"豚尾"。辛亥革命之后，孙中山在就任临时大总统时，颁布了一系列政治、经济和社会改革的法令。其中，剪辫、易服是最重要的改革内容之一。孙中山下令昭示人民一律剪辫，号召人民"涤旧染之污，作新国之民"[1]，并规定令到之日起，限二十天一律剪除净尽。剪辫以后，便是易服。孙中山认为革命党人穿什么服装是一个大问题，并就此广泛征求意见并展开讨论。有人主张仍穿长袍马褂，但遭到大部分人反对，因为革命既然成功，在服饰上仍然沿袭清朝的瓜皮帽、长袍马褂是不合时代潮流的。孙中山认为长袍马褂既不方便，又因剪裁费料而很不经济，不赞成穿这种服装。留洋的革命党人中有人提出干脆穿西服，孙中山听后认为，这么做无疑是抵制国货。最后，孙中山主张"礼服在所必更，常服赐听民自便"，希望能设计一种"适于卫生，便于动作，宜于经济，壮于观瞻"的服装。[2]孙中山经过缜密思考、精心设计并征求意见，终于创制了一套具有民族特点的简便服装——中山装。

---

[1]　中华民国临时政府在 1912 年 3 月 5 日颁布《大总统令内务部晓示人民一律剪辫文》，载《临时政府公报》第 29 号。

[2]　《复中华国货维持会函》（1912 年 2 月 4 日），载《孙中山全集》第 2 卷，北京：中华书局 1981 年版，第 61—62 页。

后 记

　　《云裳华服衣生活》是我在学校开设二十多年的中国服饰史专题课程讲义辑录而成。我前后写作了两年时间，不断查阅文献资料补充内容，又不断寻找实物以作比对探究，力求完善本书的叙述。应该说，历史悠久的中国服饰博大精深的文化底蕴与纷繁复杂的艺术脉络真的难以言尽。

　　本书以历史时间为序，将中国服饰的演变进程尽量加以揭示。虽说不同历史时期的服饰各有特点，又各有侧重，但如何选取每个历史时期最具代表性的服饰来切入主题非常关键，这是清晰展示从先秦直到近代中国服饰发展历程的重要标准。诸如，先秦时期，形成了以天子冕服为中心的章服制度；秦汉到魏晋，素纱、襦裙与皂罗敞袍彰显了这一时期服饰文化的时代特色；隋唐五代，半臂、袭裙展现出女性的自信与风采，北方和西域少数民族文化与中原汉族文化交融，使中华服饰更加绚丽多姿；宋元时期，以褙子为代表的汉族紧瘦女装和蒙古族冠帽锦袍共同构成时代风尚；明清时期，在传承唐宋服饰的基础上，服饰艺术设计、工艺制作发展到前所未有的水平；辛亥以降，古装变新制，中山服和旗袍成为生活中新的服饰主调。关注古人审美，关注古人生活，是这本讲稿希望讲述的中国人衣生活的出发点和服饰演变的文脉。自然，限于篇幅，本书的写作仍然以精当扼要为主，凸显中国服饰艺术的经典辉煌。

关于中国古代服饰研究的书籍，我自己之前也出版过三四种，本书的特色则在于除了针对古代服饰审美的解读之外，运用新方法和新材料呈现出自古服饰与社会文化生活，以及等级制度的密切联系，更加全面地讲述历朝历代服饰文化的典制规定和风俗习惯，还有服饰更迭所体现的不同历史时期的政治、文化和生活的精神面貌。故而，本书对中国服饰的讲述更注重反映的是古代生活方式，这也是定名为《云裳华服衣生活》的目的，即从生活方式的视角观照中国服饰更多的侧面。其实，纵观中国服饰历史，可以说我们民族的服饰文化并非封闭、保守，我们的祖先不断地吸收外来文化，并用异族服饰来丰富和完善华夏衣文化。事实上，任何民族在发展进程中都不可避免地与异族文化相交流。在阐述唐代服饰文化时，本书选取了丝绸之路沿线近年来考古出土的新材料，像墓室壁画及出土的陶俑等。而论及宋代丝织物的发展状况时，则使用了南京大报恩寺地宫和花山宋墓中最新出土的文物。作为通识书籍，本书有意使用更多的新材料进行论证，希望能借此开阔读者的学术视野。总之，本书试图运用大量历代典籍史料、考古研究成果和服饰文物图片，通过对各个历史时期服饰文化特点的分析，全面而真实地展示出中华服饰发展的历史轨迹。

在此，我要特别感谢这两年帮忙核对书稿、校正注释和选配插图的同学们，她们是博士研究生刘丹、刘畅和崔心蒂，硕士研究生薛元可、马卉等。感谢大家放弃了许多休息时间与我一起赶工，特别是在农历癸卯正月里全程投入，终于完成这本书稿。希望这本书能激发大家更多的阅读兴趣，并诚心诚意地接受读者的宝贵意见，再版时越改越好。

夏燕靖

2023 年癸卯正月十五